U0146481

書泉出版社

101 Question of Jewelry's Color

寶石101問
我的第一本
珠寶書

陸啟萍/杜雨潔 著

一本人人都看得懂的珠寶書

　　我與啟萍是在1993年GIA[1]共事時結識的，時隔十餘年，喜見啟萍將在珠寶界十餘年的心得，整理集結成這本《寶石101問，我的第一本珠寶書》一書問世。

　　1990年至今的十餘年，是臺灣珠寶市場蓬勃的年代，在這段時間裡，有許多珠寶相關書籍出版。啟萍將參與珠寶市場十餘年的所見所聞撰寫成書，使這本書兼具了理論與實務。

　　書中最具實務參考價值的是——「寶石101問」。在「寶石101問」裡，啟萍將這十餘年來，臺灣珠寶市場上常見的珠寶相關問題，用Q&A方式條列，為喜愛珠寶的讀者解惑。本書的另一個特點是囊括了101種有色寶石，其中許多寶石是臺灣珠寶市場上並不常見的，但在書中卻有許多介紹，讓喜愛寶石的同好有更多的認識與選擇。

　　本書對喜愛寶石鑑定的同好們，提供了〈101寶石特性檢索表〉，從而可滿足鑑定同好者的需求。

　　無論就實務面與學習面而言，這都是一本完備且兼具參考價值的書，也是一本人人看得懂的珠寶書，再加上書中精心挑選的珠寶飾品插圖、全彩編排。除了有國

---

[1] 編按：GIA(Gemological Institute of America)。創立於1931年的非營利機構，也是全球寶石學的領導權威。

際品牌精品的珠寶飾品，也有臺灣本土設計師的原創設計。這些美麗的珠寶設計，除了具有美化版面的功能，讓讀者翻閱時更覺得賞心悅目。所以，與其說這是一本寶石書，不如說，它更是一本美學刊物。

　　期待啟萍下一本珠寶書，能讓我們在美麗的事業裡不期而遇，時時驚喜！

GIA美國寶石學院臺灣分校總監

王栢元

提供正確Know How，購買珠寶不吃虧

　　我與陸啟萍老師認識將近二十年，認識她時，她正任教於GIA臺灣教學部門，後來她離開GIA，從事珠寶設計工作，也曾在世貿珠寶展幫我們銷售過寶石。她是一個認真負責的人，歷經珠寶業不景氣的時候，還是在珠寶業努力不懈，十分執著。

　　本書令我敬佩的是：採用Q&A的方式，融入市場是是非非的觀念，並加以說明。計有四大特色：

1. 寶石概論：除了介紹一般寶石的特性（包括寶石化學成分和物理性質）外，還有寶石的優化處理、合成寶石製作方式、寶石鑑定儀器的性質和操作、珠寶鑑定證書又暗藏哪些可能誤解的陷阱……等。

2. 寶石101問：消費者在市場上、網路上，可能取得一些錯誤的珠寶訊息。藉著Q&A方式，不僅讓你觀念正確，也讓你購買寶石時不會吃虧上當。

3. 有色寶石：以可見光譜的七種顏色（包括紅、橙、綠、藍、紫、白、黑），來區分不同的有色寶石（即從消費者和專家的角度來介紹有色寶石）。

4. 附錄資訊豐富：包括寶石鑑定書、鑽石分級報告書範例、生日石、寶石特性檢索表……等。

　　這是一本難得的寶石入門工具書，不僅提供許多正確觀念，也讓你購買珠寶時不會吃虧上當。因此，我在此慎重推薦大家觀看此書，讓好書能與大家分享。

英國寶石學院臺灣分校負責人

吳照明

多年珠寶實務與心得的分享

　　啟萍多年來一直在珠寶系領域兢兢業業的努力著，我們很高興，經歷多年的實務經驗後，能將她個人的心得彙集成冊，以饗讀者。

　　本書的內容涵蓋寶石概論、有色寶石、寶石101問和101寶石特性檢索表……等內容，簡潔明白又豐富精彩，實在是消費者實用的參考書。

　　讀者人手一冊，將可成為最容易進入寶石世界的捷徑；這也是一本值得收藏、閱讀、圖文並茂的好書。

美和科技大學
珠寶技術系系主任
黃義仁

一本相當實用的珠寶書

　　陸啟萍老師是一位資深的寶石學家，也是一位知名的珠寶設計師，長年來的珠寶教學與買賣，累積了豐富的珠寶專業知識。

　　陸老師也是中華民國寶石協會的專任老師，教學認真以及生動風趣的台風，是學員心目中的好老師。

　　本書很有系統地對寶石及彩色寶石、玉石的知識，進行了詳細編排。有寶石學的正規理論知識，又搭配華麗及豐富的珠寶實物照片，以供比照，為初學者及從業人士提供了實用的相關知識。不管從事鑑定、銷售、拍賣、估價及收藏等，都是一本相當實用的參考書及寶石入門書。

　　《寶石101問，我的第一本珠寶書》一書的推出，對消費者的採購及提升從業人士的素質，都具有正面的意義，希望能受到廣大讀者的青睞。

中華民國寶石協會理事長

林岳ㄅ

珍藏每顆寶石的個性與美麗

你有沒有想過有關翡翠A貨或翡翠B貨？或像是鑽石從何而來……等的問題，這本書都將為您一一解答。

對於不只對閃閃發光的寶石興奮不已，又很想了解更多這些大自然對人類的贈禮的讀者來說，這是一本相當棒的認識寶石入門書。

基於身為寶石鑑定士和具有寶石課程教學長期經驗的她——筆者杜雨潔（Judy Tu），在此，她編製了最重要且最廣泛的寶石資訊。因此，透過本書，你不僅能看到，也更能了解到每顆寶石獨自的個性和美麗。

除了書中對寶石豐富的描述，我也對其高質量的彩色照片留下深刻印象。本書圖文並茂的說明主題並點出問題，從而揭示了這些寶石之美的各個層面。

因此，我強力推薦這本書給所有人當作寶石入門工具書。不管你是珠寶店的銷售員、使用寶石在你創作首飾作品時的設計師，或是珠寶及寶石收藏家……，讀了本書，相信你會樂在其中。

瑞士寶石研究所SSEF

麥可・欽尼斯基 博士

Foreword

Did you ever question yourself about the terms A-jade and B-jade? or where diamonds come from?

Then this book will have a lot of answers for you. It is a perfect companion for anyone, who is not only excited by the sparkle gemstones, but also curious to learn more about these gifts of nature.

Based on her long experience as a gemmologist and gemmological course teacher, the author Judy Tu has compiled the most important information on a wide range of gemstones, so that after reading, you will not only see, but even understand the individuality and beauty of each of these gems.

Apart from the informative descriptions, I am also impressed by the quality of the colourful photos. They perfectly illustrate the topic and reveal the beauty of these gemstones at its best.

I can recommed this book as a guideline to anyone, whether you are a sales person in a jewellery shop, a designer using gemstones in your jewellery creations or just a collector of gems and jewels and I am sure that you will enjoy the reading.

by Dr. MIchael S. Krzemnicki, Swiss Gemmological Institute SSEF

打破錯誤迷思，深植珠寶本來面目

　　著書立言，對於我這個生長於五〇年代的人而言是一件慎重的大事。在經歷了十餘年市場的洗禮後，秉著實務經驗與理論基礎，從而促使我寫出一本「人人看得懂的珠寶書」的動機。這是一本沒有艱深學理的寶石書，一般消費性的珠寶問題都可在本書中獲得解答。

　　記得1991年，遠赴美國GIA就讀前的某個夏日周末午后，我頂著豔陽在台北牯嶺街的舊書攤上尋寶，試圖能找到一本珠寶相關書籍好帶著，以備參考之需。當大珠小珠落玉盤般斗大的汗水滴在一本本舊書上，辛苦了一整個下午，我只找到參考價值有限的兩本礦石中英譯本。

　　1993年，回到臺灣任職於GIA美國寶石學院臺北分校，並於1995年遠赴加拿大溫哥華，在溫哥華教育局成人技職教育教授珠寶相關課程。之後，再回到臺灣時已是2003年，這期間，無論時空如何變換，唯一沒變的，是始終堅持在珠寶教學路上，分享所學的珠寶相關知識給所有喜愛珠寶的學員。

　　在長達不間斷的十五年教學生涯中，我發現，許多謬誤的珠寶知識，並沒有隨著整個珠寶產業的蓬勃而獲得釐清，以訛傳訛的情形仍舊不斷發生；更因為通路的

多元，使訊息得以迅速傳遞，舊時代裡口耳相傳的錯誤知識僅限於流傳在珠寶業界，而新時代裡不斷被複製的錯誤訊息充斥著網際網路。無論是得自於教學的經驗，或是有感於當今通路創造與複製的諸多錯誤訊息，讓我有了撰寫這本書的想法。

在這本書裡，有101個珠寶常見問題，以Q&A的方式編排，一目暸然（即「寶石101問」）。另外，將常見的101種寶石，以分色概念，採深入淺出的方式介紹給珠寶愛好者。對於想要深入鑽研珠寶學的同好，我們也精心編排了「101寶石特性索引」，方便查閱。

真正著手撰寫這本書是在2007年，因為寫書的工程浩大，於是找來了雨潔協力完成此書。因為雨潔不但有GIA寶石學的完整訓練，更有FGA值得信賴的礦石學背景，讓我們的寫書工作進行的十分順利。

最後，還是想藉自序表達心中滿滿的感恩！對於一直不曾干涉我，任由我做我喜愛事物的先生，以及原生家庭的家人們，還有一路走來的珠寶同好，與敦促我不斷學習的學生們；在曾經的某一個時空裡與你交會過；對於能有機會從事美麗的事業，這是我人生的一大福分……感謝！！

陸啟萍

因了解而熱愛——美麗而永恆的珠寶

　　寶石在人們的印象裡是恆久不變，但其實，珠寶以及寶石是不斷隨著時間在轉變的。新的研究、新的發現；新的設計、新的理念，它的多元面貌，不斷琳瑯滿目地呈現在我們眼前。

　　本書收入101種常見於珠寶飾品上的寶石，以及偶爾會聽聞到的收藏家寶石，同時，搭配了消費市場裡最實用的101個寶石Q&A。書中豐富的圖片安排，除了對應其介紹的寶石種類外，更收錄了多家品牌別致的設計作品，讓我們欣賞到珠寶設計的工藝之美。

　　承蒙陸老師找雨潔一起為本書努力，感到十分榮幸與愉悅。當她提出這個如此符合市場需求的企劃時，讓人為之興奮。在撰寫的過程中，經歷了互相討論、共同磨合的過程而完成了本書。這是我第一次的撰寫合作經驗，也成為另一階段的學習與成長歷程。

　　衷心期望讀者閱覽本書後，對色彩豐富、晶瑩剔透的珠寶、玉石，能進一步因理解而喜愛，因了解更熱愛它們。

杜　雨　潔

●目錄

chapter ❶ 紅色寶石

chapter ❷ 橙色寶石

chapter ❸ 綠色寶石　chapter ❹ 藍色寶石

chapter **9** 其他寶石

附錄（Appendix）

寶石101問

寶石二三事

名詞解釋

藍寶石的原石與裸石（SSEF提供）

■礦石是什麼？

礦石的必要條件有三個：

1.有一定的化學元素。

2.原子呈固定方式排列而成的。

3.無機物。

■寶石是什麼？

1.有一定的化學元素。

2.原子呈固定方式排列而成或是不具原子排列型態的。

3.無機物或有機物。

舉凡世間物質都有一定的化學元素，我們不可一日或缺的水，它的化學元素就是H_2O；而每個女人最愛的鑽石則是由碳元

花朵

花朵造型之珠寶飾品（伯爵珠寶提供）

素構成的。如果單單從「寶石」這個名詞字面上的意義來看，應該指的是沒有生命的「石頭」；然而在珠寶市場上的分類卻寬容了許多，像是珍珠、珊瑚這些來自於有生命物種的寶石，是屬於沒有一定原子排列型態的有機物。那麼，礦石又要具備什麼樣的條件，才能算得上是寶石呢？

■成為寶石三要件

1.美麗。

2.稀少。

3.堅固。

　　好花不常開，說明了花朵雖然具備了第一個美麗的條件，但是花朵因為無法常保美麗，也不夠堅固，自然無法成為寶石。寶石的第二個條件是稀少，就舉鑽石為例，23公噸重的砂土裡（一般中型大卡車載重7公噸）可以採出4～1/2克拉的鑽石，而在這4～1/2克拉的鑽石裡，大約只有一克拉的鑽石是寶石級的鑽石（大部分的鑽石其實是工業用級鑽石），而一克拉寶

石級的鑽石原石，經過切磨後最多也只能保留50%的重量，也就是說，這一顆一克拉的鑽石原石切好以後大約就是半克拉的裸鑽；這說明了鑽石不是唾手可得、俯拾皆是的相對稀少。寶石的堅固性，指的則是可以抵抗刮傷、撞擊、強光、強熱，以及一般化學藥劑（家用清潔劑屬之）侵蝕的能力。

■有色寶石V.S.鑽石

在寶石學裡鑽石是獨立的，而鑽石以外的其他寶石則統稱為「有色寶石」。無論這些有色寶石是不是有顏色的都歸類為有色寶石。舉例來說，一般人熟悉的白色石英（俗稱白水晶）雖然是無色的，但是仍然被歸屬於有色寶石，因此寶石學裡將所有寶石石材分成「鑽石」及「有色寶石」兩大類。

■貴重寶石（Precious Stones）V.S.次貴重寶石（Semi-Precious Stones）

這是一個一定會被問到的熱門問題……

這也是一個長久以來積非成是的觀念性名詞解釋的議題！

英文裡的「Precious Stones」指的是珍貴、貴重的寶石，像是大家熟知的紅寶石、藍寶石、祖母綠、珍珠、翡翠，就被歸屬於貴重寶石。

那麼，什麼又是「Semi-Precious Stones」呢？

照英文直接翻譯應該是「半貴重寶石」的意思，但是一直以來，臺灣的珠寶從業人員簡化成是「半寶石」，就這樣一直沿用幾十年，因為翻譯名詞的誤植造成消費者理解上的困擾，好似「semi-precious stones」不是真的寶石而是假的寶石，或是一半真一半假的寶石。

　　如果要忠於英文原文的意思，將「semi-precious stones」翻譯成「次貴重寶石」是比較貼近原意，沒有那麼貴重的意思，更不會像半寶石給人一半是真的，一半是假的錯誤印象。真的就是真的，假的就是假的，如果照英文字面上的意思直接翻譯，也應該是半貴重寶石而不是半寶石的意思。

　　一般消費者在面對珠寶從業者說半寶石時，你知道他的意思就好了，終究積非成是已久，短時間內很難改變，就像滑（ㄍㄨˇ）稽一直被唸成（ㄏㄨㄚˊ）稽一樣，需要時間導正。

■寶石材料的種類

1.天然品（Natural）

　　舉凡產自大自然，除了必要的切磨外，沒有經過任何人為處理加以改變寶石的顏色、透明度、特殊現象與結構者，稱之為天然寶石；像天然鑽石（Natural

天然鑽石

Diamond）、天然藍寶石（Natural Sapphire）等等。

2.合成品（Synthetic）

　　鑽石好貴，紅寶也好高貴喲！好喜歡，但是實在買不下手怎麼辦？拜科技進步之賜，我們有了新的選擇，那就是合成品。合成品的必要條件是——在大自然中有一個相對應的天然寶石，兩者的生成手段不相

合成鑽石（SSEF提供）

同就會造就不同的內含物，像合成鑽石（Synthetic Diamond）、合成紅寶石（Synthetic Ruby）等合成品，在大自然當中即有一個相對應的天然鑽石或天然紅寶石。

合成鑽石和天然鑽石有完全相同的物理、化學、光學特性，唯一不同的是生成環境的手段，因此造就了不同的內含物，使得內含物成為分辨天然鑽石與其相對應的合成鑽石的關鍵。

合成品的存在源起於一九三〇年代，直到近二、三十年才被系統化地介紹給消費者了解。不要以為只有貴重寶石才有合成品的製成，只要是你認識的寶石幾乎都有合成品，像是合成藍寶、合成祖母綠、合成石英（俗稱的水晶——紫水晶、黃水晶）等等。

3.類似石（Simulate）

什麼又是類似石呢？類似石可以是天然的也可以是人造的，因為外觀視覺效果類似某一個寶石而被拿來當作是替代品。我們常聽到的蘇聯鑽，就常被當作是鑽石的替代品。那是因為蘇聯鑽外觀很像鑽石而價錢又很便

合成二氧化鋯石

宜，是每一個消費者負
擔得起的。那麼到底蘇
聯鑽是什麼呢？其實蘇
聯鑽（俗稱CZ）的學名
是合成二氧化鋯石，最
近幾年又新出現的一種
比蘇聯鑽更像鑽石的替

魔星石（SSEF提供）

代品叫作魔星石（Moissanite；學名是合成碳矽石），
也就是電視購物頻道裡宣稱的莫桑石。

4.仿製品（Imitation）

　　早在數百年前，塑膠、玻璃就被製作成一顆顆
雪白的圓珠當作是珍珠的仿製品。從事珠寶十餘年，
最怕碰到親朋好友將封陳於保險箱中數十年的寶貝拿
出，然後告訴我這是我祖母留下來的傳家寶，要我看
看是不是紅寶、翡翠。實話永遠是傷人的，但是說謊
又違背專業人的原則。常常那些又大又紅的是玻璃，
而又綠又透的也不是翡翠。如果真相會破壞期待的美
麗，不如讓美好回憶永遠封存在保險箱裡。

　　上述各種寶石材料的存在是有特定的市場需求，
聰明的消費者要知道：所付出的代價得到的是等值的
物品。

　　珠寶鑑定是科學不是經驗學，透過科學儀器的鑑定就能保護你不上當受騙，其實是既經濟又簡單的事。

■寶石鑑定v.s.鑽石分級

　　在珠寶鑑定的領域裡，目前只有鑽石是有系統的分級標準，其他的有色寶石，都還沒有一個可以有被廣泛採用的分級系統。

　　鑑定和分級是完全不同的，鑑定是透過各種儀器檢測出未知石的物理、化學及光學特性，以鑑別出未知石的真實身分；而鑽石分級，則是已經知道是鑽石，分析出鑽石的4C，將鑽石的品質歸類，得以區隔鑽石的價位。

寶石的特性

　　一般而言，可以當作飾品佩戴的寶石，必須具備的條件有三個：第一要夠美麗、第二要夠稀少、第三就是要夠堅固。這裡所說的夠堅固，是指寶石要有一定程度的抗損壞能力，而這「抗損壞能力」，指的不只是寶石的抗酸、抗鹼、抗腐蝕性而已，更同時指抗刮傷及抗撞擊的能力。

　　在這麼多的「抗」裡，到底有什麼不一樣呢？舉個生活上實際的例子來說明：食用鹽與寶石同為晶體結構，但食鹽結晶粒子遇水即溶，因而無法當作寶石飾品佩戴。在寶石學裡所界定寶石「可佩戴性」的構成要件之一，即是要不容易受一般家庭清潔用品之酸、鹼性物質所侵蝕，還要具有適當之抗刮傷及抗撞擊的能力。而這些「抗」的能力，其實就是寶石的物理及化學特性。

　　寶石鑑定學，即依據個別寶石的各種特性加以鑑別進而定義寶石。寶石的特性大致上分成物裡、化學及光學特性，以下就個別特性加以說明，以使讀者及寶石愛好者，進一步認識寶石的世界。

折光儀

單折光鑽石正面圖

■折光率（Refractive Index; RI）

　　寶石偏折光線行進路線及減緩光線行進速度的能力就叫作「折光率」。折光率在珠寶鑑定上非常重要，因為90%的寶石只要測出折光率就可以知道是什麼寶石了。有的寶石

雙折光方解石正面圖

是單折光（鑽石就是），大部分的寶石則是雙折光寶石。雙折光寶石除了會減緩光線行進的速度及改變光線在寶石裡行進的角度外，還會將射入寶石的光線分成兩束光線，而這兩束光線各自有各自的速度，朝各自的方向行進，這樣的能力就是「雙折光」。

　　對一般消費者而言，折光率越高的寶石其亮度越高。以鑽石為例，鑽石是目前透明天然寶石中折光率最高的寶石，它是2.417單折光寶石，所以鑽石以迷人閃爍的亮光著稱。一般的寶石折光率都在1.6上下，所以高折光率就代表折射亮光好。

■硬度（Hardness）

　　早期的臺灣珠寶從業人員，大多誤以為專門用來分辨鑽石和蘇聯鑽的鑽石熱探針是用來測試鑽石硬度的（鑽石熱探針，是測試鑽石的高導熱性）。既然問題因硬度而起，我們就來談談「硬度」。

大體而言，硬度包含三層意義：第一是寶石抗刮傷的
能力、第二是寶石抗磨損的能力、第三是寶石內聚力
的加強。以下再進一步說明：

硬度筆

■ 附表　莫式（Mohs）硬度表

Mohs等級	寶石名稱	相對硬度參考
1	Talc	
2	Gypsum	可被指甲刮傷（指甲硬度為2.5）
3	Calcite	
4	Fluorite	
5	Apatite	
6	Orthoclase	可被玻璃刮傷
7	Quartz	
8	Topaz	
9	Corundum	
10	Diamond	只有鑽石本身可以刮傷鑽石

1.抗刮傷的能力

　　寶石抗刮傷能力的測試是屬於破壞性測試，通常
用於未經切磨的原石上，而不用於已經切磨好的裸石

上，當然就更不宜用在已鑲嵌好的珠寶飾品上了。硬度測試的做法是：將兩顆未知石互相摩擦，若兩顆未知石可以互相磨損對方，則其硬度相當，反之，被刮傷的一方則硬度較小。目前被廣泛使用的莫式（Mohs）硬度表共分十級，是由德國礦石學家Friedrich Mohs（1773～1839）以十種不同的石頭互相摩擦所得到的結果，其中鑽石是其中最堅硬者，故被訂為第十級；最軟的一級則為滑石（Talc，請參見附表）。

硬度不是一種求計量化結果的測試，其所代表的只是被測寶石之間的硬度相關性。所以在莫式硬度表中，十種不同硬度等級之間的關係並非呈等比或等差關係，硬度十級的鑽石並非比硬度九級的剛玉（紅、藍寶石屬之）硬一倍。事實上，鑽石比剛玉硬五到一百四十倍，這是因為寶石的硬度是有方向性的，端視其被刮測試的部位是平行還是垂直於晶體成長的方向而定。

另外值得一提的是，莫式硬度表上的等級並非永遠不變，可能會因為所選擇的寶石不同，或是新寶石材料的被發現而有所變更或增減。

2.抗磨損的能力

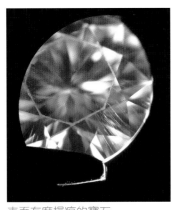

表面有磨損痕的寶石

相較於刮傷力，寶石切割師們顯然對寶石的抗磨損力要感興趣得多了，因為硬度越高的寶石越不容易被磨損，所以寶石切割就是用硬度高的鑽石粒子去研磨其他硬度較低的寶石。以剛玉為例，其硬度在莫式硬度表上排名第九，要比排在第八級的拓帕石（Topaz，商業俗稱黃玉或黃晶）硬5.7倍，而拓帕石又要比排在

第七級的石英（Quartz）硬1.5倍。一個有經驗的切割師可以憑藉觀察，將待切磨的寶石研磨出一個極小的開口，然後以放大鏡觀察其內部，以估計其內聚力及抗磨損的能力，再決定如何下手切割寶石。

3.內聚力的改善

有些寶石如土耳其石（Turquoise），其內部晶體結構較鬆散，內聚力也較弱，故不適用為珠寶飾品。但是這類寶石在經過一種「灌注處理」（Impregnation）後即可改善其內聚力較弱的缺點，而一般常用的灌注材料便是熱溶膠（用於美國土耳其石及蛋白石）與矽膠。

■韌度（Toughness）

韌度與硬度同為寶石非常重要的特性，以硬度雖然只有7的硬玉（又稱翡翠）為例，其優於鑽石極佳的韌度源自於內部極為緊密鏈結之結晶構造。而寶石的韌度可從三方面解釋：

1.抗撞擊能力

基本上，測試工業用物質韌度的方法並不適用於寶石，因此若以石頭撞擊鑽石，則仍可能對鑽石造成損害，這可以說明鑽石雖然很硬，但其韌度並非無懈可擊，所以鑽石並非銅筋鐵骨、金剛不壞，在佩戴上仍須謹慎小心。

2.抗熱性

鑽石是所有寶石中傳熱、散熱能力最好的，因此市面上用來辨別真假鑽石最快且準確的工具──鑽石

熱探針——就是利用鑽石超導熱特性所發展製作而成的。一般寶石在經過高溫加熱（如鑲嵌金工師父修理珠寶飾品時所用的火炬火焰）後，驟然回到常溫時，都會因溫度突然且劇烈的改變（傳熱、散熱性差），造成晶體無法承受內部張力而爆裂。比較起來，傳熱性佳的鑽石及剛玉較不會發生爆裂的情形。此外，顏色生成中心在長時間加溫下會較不穩定而產生改變顏色的情形，以紫水晶為例，可經由控溫加熱而成為黃水晶。

另外，有些寶石內含物——空晶（內含物之一種，外形如晶體而內部非實體）裡面的碳氧化合物遇熱後，其內部壓力會不斷且明顯增加，晶體可能因此無法抵抗其內部張力而產生爆裂。許多寶石經過加熱後可以改變其顏色而較受消費者喜愛，因此加熱處理被普遍運用，而經過適當加熱的寶石，其顏色是可能變得比較美麗了，但同時其內部的結構則會變得比較脆弱。會受到加熱處理的影響而變得較脆弱且易被磨損的知

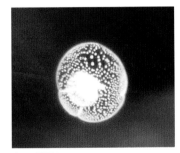

空晶爆裂

名寶石，有鋯石（Zircon）及深色藍寶石（Dark blue Sapphire）。

3.抗化學作用

成為寶石的另一個重要條件是：必須能抵抗大部分家庭用清潔劑等化學品之酸、鹼性侵蝕。其實，一般珠寶都具備良好的抗酸鹼能力，少數例外的有機物寶石：珍珠、珊瑚等，受到香水、乳霜中所含的脂肪酸等弱酸物質的侵蝕，會失去其原有光澤及生動感；橄欖石會因為強酸而腐蝕。因此，充分了解每種寶石不同的特性而給予適當的照顧是很重要的。

除了前述加熱、酸、鹼等會影響寶石的韌度外，另外應該說明

的是：晶體完好的分裂面（Cleavage Plane）是韌度較脆弱的部位，但鑽石的分裂面卻大大幫助了鑽石切割師，讓他們更容易決定該從什麼方向切割鑽石以避免造成損壞。

寶石的內含晶體及指紋狀物（固體或液體）等內含物，會使得寶石結構較脆弱。寶石的厚薄也影響其韌度，比起塊狀寶石晶體，薄片當然就比較容易破裂了。

■比重（Specific Gravity）

飽和食鹽水裡的琥珀及塑膠

「比重」是一項簡單易測試的寶石物理特性，在學理上的解釋是相同體積的水與寶石間重量之關係比值，也就是同體積的寶石要比同體積的水重多少倍。舉例來說，鑽石的比重是3.52，表示鑽石的重量較其同體積的水重3.52倍。對一般消費者而言，比重所代表的實際意義其實可以說就是「大小」。以一克拉的鑽石（比重是3.52）和一克拉的紫水晶（比重是2.66）相比較，因紫水晶的比重小，所以看起來會比較大。我們的結

克拉秤暨比重秤

螢光反應前

螢光反應後

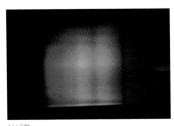

光譜

論是：雖然兩者的重量相同，但是因為比重重則晶體結構較緊密，所以其體積比較小。

■螢光反應（Ultraviolet Fluorescence）

螢光反應是寶石以紫外線照射時會發出可見光，這種現象稱為「螢光」。正確的環境中觀察，約有50%的寶石級鑽石會有螢光反應，並且約有10%的鑽石有強烈的螢光反應。

■光譜（Spectra）

「光譜」在寶石鑑定學裡屬於輔助性鑑定，每一種寶石都有其特定的吸收光譜，利用分光器檢測寶石的吸收光譜以區別：

1.寶石個別吸收光譜。

2.部分寶石的染色處理。

3.部分寶石的染色媒材的辨識。

■放大觀察內含物（Inclusion）

在合成寶石沒有問世之前，大部分的寶石經由折光率的測得再配合其他基礎檢測，像是比重、光譜等等，就可以鑑別出寶石的類別。

1930年以後，不斷有新品種與新製成的合成寶石面市，增加

了寶石鑑定的難度。要辨識天然寶石與合成製品，需加以觀察「內含物」的不同。所謂「內含物」，是指一切內含在寶石之內的固體（結晶體）、液體、氣體，以及由寶石內裡延伸到寶石表面的裂縫、斷口等特徵。

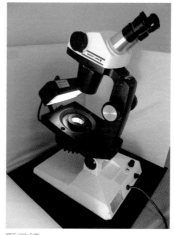

顯微鏡

　　常見的天然寶石內含物，大致分為：

1.固體內含物

　固體內含物，就是寶石裡包裹的其他晶體，又會因為內包晶體的形狀、大小、顏色、數量、型態及所在位置等的不同而有不同的專有稱呼。通常這些結晶體呈透明無色（colorless），有時也會有各種不同顏色，像是褐色、黑色赤鐵礦小片或金紅石等等。

　　⑴結晶體（crystal）。

　　⑵針狀內含晶體（Needle like crystal）。

　　⑶絲狀內含晶體（Silk like crystal）。

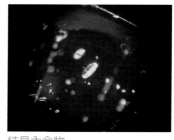

結晶內含物

2.液體內含物

　寶石在結晶成長過程中，會因為外在環境溫度或壓

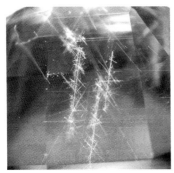

針狀內含物

絲狀內含物

二相內含物

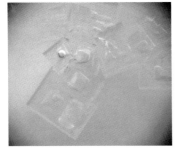

三相內含物

力的突然改變而造成裂縫，裂縫中會有其他液體充斥其間，這是寶石液體內含物的形成原因。

3.氣體內含物

在天然寶石內（極少數例外，如黑曜石），氣泡（氣體內含物）是不會單獨存在於寶石內（因為單獨存在的氣體是看不見的），氣體總是伴隨著液體存在，對於這種液體和氣體兩種內含物同時存在的情形，寶石學裡給了一個專有名詞，就叫「二相」（兩種相態）內含物。另外，如果結晶（固態）、液體（液態）、氣泡（氣態）這三種相態的內含物同時存在的情形，就稱之為「三相」內含物，常見三相內含物的寶石有祖母綠及紅寶石。

合成製品因為是人為在經過設計的環境（實驗室）下給予所欲培育的石材所需的化學元素製作而成，因此有其特有的「內含物」，珠寶鑑定就是透過顯微鏡放大觀察這些內含物，以分辨天然寶石和合成石材製品的不同。

■寶石晶系（Crystal System）

晶系在寶石鑑別上很重要，了解晶系的晶形（Form）及晶性（Habit），對於鑑別未切原石有相當幫助。所有的結晶礦物都有一定的原子排列方式（Crystal System），寶石的晶系依原子間對稱關係共可分成六大晶系，分別是

1.等軸晶系（Isometric）：單折光寶石，如鑽石、尖晶石，屬此晶系。

2.六方晶系（hexagonal）：眾所周知的紅、藍寶石及祖母綠等寶石，屬於六方晶系。

3.四方晶系（tetragonal）：鋯石屬之。

4.斜方晶系（orthornombic）。

5.單斜晶系（monoclinic）：翡翠、月光石屬之。

6.三斜晶系（triclinic）：土耳其石及鈣鈉斜長石屬之。

等軸晶系 Isometric　　六方晶系 hexagonal　　四方晶系 Tetragonal

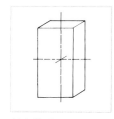

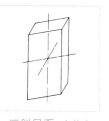

斜方晶系 orthornombic　單斜晶系 monoclinic　　三斜晶系 triclinic

■寶石的顏色（Color）

在寶石學裡定義的顏色被細分成色彩、色調與色度三部分。色彩，指的是光譜裡的紅、橙、黃、綠、藍、紫六種顏色；色調，則是白—灰—黑的明暗程度；色度，是顏色的飽和程度。

不同顏色的寶石（大器珠寶提供）

一般有色寶石的鑑定證書對於顏色的陳述，通常包含上述三個部分。舉例來說，英文「vivid red Ruby」，用以形容顏色屬於濃豔紅的紅寶石。這裡的「Ruby」是紅寶石的英文名稱；「red」是紅寶石的色彩；「vivid」則是紅寶石紅色的濃度。

■寶石的特殊現象（Phenomena）

有一些寶石因為本身特殊內含物或對於光線的選擇性吸收，在光源的照射之下會呈現出特殊的視覺現象，這樣的寶石統稱為「現象寶石」。大致上這些特殊現象歸類為：

1.星光現象（Asterism）

　　具有星光現象的寶石我們稱為「星石」，常見的星光現象有四線或六線。星線的形成是因為寶石內有幾組成一定角度關係平行排列的絲狀（或針狀）內含物，將含有這樣內含物的寶石切割成凸圓面就可以展現星線光芒成為星石。著名的星石有紅寶星石、藍寶星石等。

星光現象

貓眼現象

2.貓眼現象
　（Chatoyancy）

　　形成原因同星石的星線，不同的是，貓眼現象是僅由一組平行排列的絲狀內含物構成的反射視覺效果。

3.變色現象（Change-of-Color）

　　寶石本身對不同光源（日光燈與白熾燈）有選擇性的吸收，因而造成不同色彩的呈現，稱為「變色現

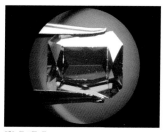
變色現象

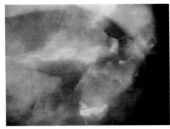
遊彩現象

珍珠光彩

鈉石光彩

灑金現象

象」，以亞歷山大變石最為有名。

4.遊彩現象（Play- of-Color）

這是蛋白石特有的現象又稱為「變彩現象」，是因為光線與存在於蛋白石裡二氧化矽晶粒空洞內的水產生的干擾所形成的現象。

5.珍珠光彩（Orient）

當光線照射到珍珠層的層狀堆疊的結構表面，光在珍珠層中的繞射和反射。這種特殊的光線反應，讓珍珠產生特殊的七彩光暈，這種現象稱為「珠光」、「珍珠光彩」。

6.鈉石光彩（Labradorescence）

寶石內薄層的雙晶結構對光的干擾現象。鈣鈉斜長石常見此鈉石光彩。

7.灑金現象（Aventurescence）

滿佈在寶石內的片狀或板狀微小礦物，在光線的照射下反射出閃爍亮點，狀似滿佈黑夜的點點星光，這樣的反射效果稱之為「灑金現象」。

8.青白光彩（Adularescence）

長石族可見的青、白光現象，由光線與長石間的擾射造成，「月光石」是青白光彩的代表石。

9.彩虹現象（Iridescence）

寶石表面薄層與光之間產生的干擾現象。

■寶石的多向色性（Pleochroism）

這是雙折光寶石才會有的特殊光學特性。當光線通過有色彩的雙折光寶石時，會被偏折成兩道方向不同且速度也不同的光束，寶石對這兩道光束的不同光譜吸收顯現不同的顏色，這樣的特性就是「多向色性」，又被分成二色性及三色性。

有些寶石的多向色性必須借助一種名為「二色鏡」的儀器觀察，有些寶石則是肉眼可見在同一顆寶石上呈現完全不同的色彩，或是色度差異很大的同一種色彩同時出現。較常會有多向色性的寶石有紅寶石、藍寶石、紫水晶、鋯石、鋰輝石、赤柱石、丹泉石等等。

青白光彩

彩紅現象（淳寶水晶提供）

赤柱石二色性

寶石的優化處理
Gemstone Treatment

　　寶石優化處理（Treatment）的目的，是為了要改善寶石視覺上的乾淨度、顏色或透明度，使寶石更具賣相。有些「優化處理」是可以永久改變寶石而已經被消費者所接受。那麼，到底哪些優化處理方式是可以被接受？又有哪些寶石會被加以「優化美容」一番呢？

　　目前珠寶市場上需求較高且價位較昂貴的寶石有鑽石、紅寶石、藍寶石、祖母綠，以及中國人的最愛翡翠，都名列「優化處理」排行榜中。以下就針對各種優化處理加以說明。其中特別將英文名詞原文對照中文，並且也對優化處理呈現在鑑定報告書上的說明作解釋，除了使一般消費者對珠寶有更深一層的認識外，更期待因為這份說明，可以減少錯買（等級、品質）、買錯（寶石種類）的情形發生。

■加熱處理（Heat Treatment）

（Evidence of heat treatment is present）

　　「熱處理」是將寶石經過控溫加熱及降溫誘發寶石內的致色元素，以改善寶石的透明度、顏色、特殊現象（星石現象等），或者除去、改變某些內含物，以達到改善視覺淨度的目的。目前珠寶市場裡普遍經過熱處理的寶石有藍寶石、黃寶石、紅寶石、海水藍寶（Aquamarine）、紫水晶、黃水晶、玉，以及琥珀等等。

　　熱處理如此廣泛地被使用是因為可以使寶石更美麗、更吸引

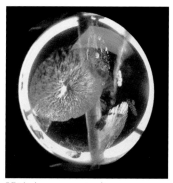

琥珀（sun spangles）

人，然而因為熱處理的穩定性很好，所以寶石可以永保處理過後的結果而不變，已經普遍被珠寶業界及消費者接受。當寶石被偵測出是：經過熱處理者，在其鑑定報告書中應載明下列文字「經過熱處理」（Evidence of heat treatment is present）。但是其中值得一提的是：經過熱處理的琥珀，會用英文「Sun Spangles」來表示，因為琥珀特有內含物sun spangles（這是一種形似圓盤狀的爆裂物），是因為加熱再急速冷卻，造成內部爆裂而形成的。

■擴散處理（Diffusion Treatment）
（Diffusion-treat Nature Ruby or Sapphire）或是
（Diffusion-treat Synthetic Ruby or Sapphire）

在臺灣的業界，普遍以「二度燒」來稱呼擴散處理，商業上被大量處以擴散處理的寶石當屬剛玉（Corundum）種類之下的紅、藍寶石。擴散處理，是將造成顏色的化學元素（紅寶石是鉻和鐵；藍寶石是鈦和鐵）與已經切磨好的「無色」剛玉裸石，一起經由控溫加熱，使上述化學元素得以滲入無色剛玉的表層而成為紅色或藍色。如此原本毫無商業價值的無色剛玉，搖身一變成為價值昂貴的「紅」或「藍」寶石了。

擴散處理不同於熱處理，在於其顏色形成的化學元素是外加的，以至於顏色僅滲入寶石表層約0.05mm淺。這種處理方式不僅僅使用在「天然」剛玉，同時也使用在合成石上。鑑定報告書對於經過擴散處理的紅、藍寶石的記載是「擴散處理」（Diffusion-treat Nature Ruby or Sapphire）或是（Diffusion-treat Synthetic Ruby or Sapphire）。

二度燒藍寶石（SSEF提供）

西元兩千年前後，這種俗稱「二度燒」的處理技術又更進一步，新的擴散處理叫作「深層擴散處理」，英文名稱是「Bulk Diffusion」。

■鈹擴散處理（Berylium Treatment）

這是一種二十一世紀的新興處理術，專門用在處理剛玉，其做法是將天然金綠玉（Beryl）寶石與天然剛玉一起加熱。因為天然金綠玉寶石內含鈹元素，經過鈹擴散處理過的剛玉不同於傳統擴散處理的淺層著色，這是一種深層擴散處理（Bulk diffusion），亦即鈹擴散可深達寶石內部，而非僅止於表面。

在鈹的高溫擴散過程中，鈹元素可以擴散到整顆寶石內。各種顏色的藍寶石和紅寶石，都可經由鈹擴散處理以改善原來的顏色。其他鈹擴散處理過的剛玉多見鮮豔的橙黃色、橙紅色，還有如剛玉裡極為珍貴分類帕帕拉恰（paparacha）的粉橘色。

鈹擴散處理的辨識如果沒有可靠內含包裹體受熱過後的證據，就不是一般小型鑑定所有能力鑑別的。市場上可見一種先玻璃填充後再鈹擴散處理剛玉，對於這種處理過後寶石就需要先用ED-XRF來判斷是否經過玻璃填充，再用LIBS、SIMS、 LASER

ICPMS來判斷是否再加以擴散處理。

■裂縫填充處理（Fracture Filling）
　（Filled Diamond）或（Clarity enhancement）

　　最常被施以填充處理的寶石當屬鑽石（Dia-mond）、紅寶（Ruby）及祖母綠（Emerald）。「填

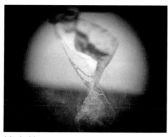

填充前

充處理」是從觸及寶石表面的裂縫（Fracture）或雷射洞灌注與被填充寶石折光率相近之玻璃、樹脂等物質，以使經過填充後的裂縫較填充前不明顯，以達到提升寶石「視覺淨度」的目的，使被填充寶石看起來較填充前乾淨，以達到容易銷售的目的。

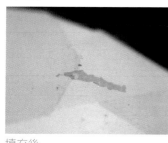

填充後

　　舉凡「填充鑽石」（Filled Diamond），「Clarity enhancement」都是表示寶石經過填充處理。除了上述鑽石及祖母綠外，填充處理也偶見發生在電氣石（Tourmaline）、紫水晶（Amethyst），以及丹泉石（Tanzanite）。

■破洞填充 （Cavity Filling）
（Foreign material is present in surface cavities）

「破洞填充」不同於「裂縫填充」，在於破洞完全在寶石表面且破口較大。施以破洞填充主要因素之一，在增加寶石的重量以賣得高價，而最常見的破口填充寶石當屬紅寶石。

在鑑定報告書的備註欄上記載「Foreign material is present in surface cavities」就是破口填充的意思。

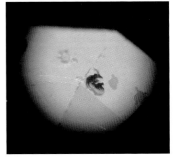

破洞填充

■覆膜處理（Coating）
（The coating prevents determination of the color of the base material）

覆膜處理，其實也常被使用在生活當中，像是我們每天一大早起床後就要面對的鏡子，就是在玻璃的背面塗上一層水銀，這樣玻璃就不透明了，而我們才可以在鏡子裡看見自己美麗的身影。

當我們說寶石的覆膜處理時，指的是在寶石的表面塗上有色物質（如指甲油）以改變寶石原來的顏色。舉例來說，一個顏色很淡的綠色綠柱石（Beryl）加以覆膜處理，使其顏色呈中等色深足以冒充價昂的祖母綠。對這種綠柱石我們稱為「Color coated beryl」，或者當你看見鑑定報告書上註明「the coating prevents determination of the color of the base material」這段文字，都表示是覆膜處理。

覆膜處理拓帕石

■染色處理（Dyeing）

（evidence of color and clarity enhancement is present）；而對於經過染色的玉則以（dyed jadeite jade）表示。

基本上，染色處理是將有色物質透過浸泡或灌注方式滲入寶石的裂縫中，如此不但改變寶石原來的顏色也可以改善寶石的「視覺淨度」。如果一個寶石經

過染色處理，鑑定報告書上會以如下的文字說明：「evidence of color and clarity enhancement is present」；而對於經過染色的玉則以「dyed jadeite jade」表示。在臺灣的珠寶市場，對於染色的玉石（翡翠）則以「C貨」統稱。

染色玉石

■表面光澤處理（Luster Enhancement）

不同於覆膜處理的顏色是外加的，表面光澤處理，顧名思義，只是在改善寶石的表面光亮度。其做法是將「無色」物質，如臘、油、瓷漆（lacquer）等塗抹於寶石的表面。這種處理方式較常使用在半透明或不透明聚成岩（aggregate），如玉石、土耳其石等寶石上。

■灌注處理（Impregnation）
（B jade）或（Impregnation Jadeite Jade）

灌注處理，是將蠟、樹脂或塑膠等外來物質注入寶石的破口、縫隙中。此方式使用在土耳其石（Turquoise）上已行之有年了，有時也使用在蛋白石（Opal）上。而現今最普遍見到使用在硬玉翡翠上，大家口中稱的「B貨」，就是經灌注處理後的硬玉翡翠。

在鑑定報告書上會用「B jade」或「impregnation jadeite jade」形容。

■再製（Reconstruction）
（Reconstruction Amber）

再製的過程，是將各種體積較小的同種物質或近似物質，一起經加熱、加壓的過程，製成一個新的且較大的製成品。這種再製方式常見使用於琥珀（Amber），因此鑑定報告書以「reconstruction amber」說明。

■輻射處理（Irradiation）

輻射處理，是利用電磁波來改變寶石的顏色。有些寶石像粉紅色電氣石及黃色綠柱石，是使用低能量的伽瑪射線（gamma-ray）改善顏色，這種寶石通常無法被鑑別出是否經過上述方式處理。另外，拓帕石（Topaz）則是藉由較高輻射計量，以改變顏色成消費者喜愛的深藍色。如果是經過輻射處理的拓帕石，通常要求取得美國原子核能委員會（United States Nuclear Regulatory Commission）安全計量報告書。另一方面，在鑑定報告書上對於是否經過輻射處理會加以分類說明：沒有輻射處理（non-radioactive）、些

微輻射處理（slightly-radioactive），以及輻射處理（radioactive）。

■浸油處理（Oiling）

　　浸油處理，普遍使用在祖母綠（Emerald）這種寶石上。因為祖母綠是裂縫非常多的寶石，所以常見浸油處理。浸油處理，使滿佈於祖母綠中的裂縫變得不顯眼以改變祖母綠的「視覺淨度」，進而達到易於銷售的目的。在一般鑑定報告書上會記載「Oiling」或「Minor Treatment」，以表示該顆寶石是施以浸油處理。

合成寶石製作方式

　　《紅樓夢》第五回中，賈寶玉遊歷太虛幻境，見一幅對聯：「假作真時真亦假，無為有處有還無。」這道出：假的就是不真嗎？真的就那麼真到底嗎？通常消費者對合成寶石的認知是：「唉呀！那是假的石頭啦！」這話就引出問題來了。那石子可能喊冤說：我就是我啊！怎麼會是假的？我可是你們高科技下的產物呢！」在進一步介紹各種合成寶石製作的類型之前，我們先說明什麼是合成寶石。

　　合成寶石是人類智慧的表現，研發的過程歷經百年，初衷多是為了工業上的材料應用，而非開發珠寶市場為考量。科學家本著「人定勝天」的信念，想要製造出和大地相同或是品質更勝於自然的穩定均質物體。隨著合成長晶技術的日漸純熟，品質控制穩定產值提升後，不僅應用在光電科技等廣泛的產業，各色各型的合成寶石在加工切磨後陸續進入珠寶市場，作為天然寶石以外的另一種選擇，並且發揮了調節天然寶石價格和供需上的效能。

　　在珠寶學裡，合成寶石的定義是部分或完全由人工製造，並且在自然界中有一個已知相對應的天然寶石，它們具有基本上相同的物理性質、化學成分、光學特性和晶體排列結構。天然寶石與其相對應的合成寶石的生成方式不同（天然寶石是大自然創造；合成寶石是人為實驗室裡培育而成），名稱的使用原則是在天然對應石的前面加上「合成」二字，例如，「合成紅寶石」、「合成鑽石」等等。

　　合成寶石也有品質上和價格上的差別，並不是所有合成寶石都很便宜，因為製程、培育時間以及品質等級的不同，就會造就不同價格的合成寶石。合成寶石目前大致可分為兩種製程；一種是在熔

體中結晶，我們可以想像是在熱騰騰的熔岩裡拉出結晶石塊；另一種是在溶液中結晶，這種方法讓人連想到大水晶洞裡，在千萬年富含養分的水環境下長出一根根的晶柱。讓人不禁回想起國中化學課時做的小實驗，加熱溶解明礬粉末的液體中放置一根線，隔天到學校發現在線上長出好多顆美麗結晶的情景。

■ 在熔體中結晶（Melt processes；熔化法）

1.火焰法（Flame fusion）

火焰法研發最早在十九世紀初期，由奧古斯特、維紐爾（Auguste Verneuil）首先做出商業用的合成紅寶石，所以火焰法也稱為「維紐爾法」。這個方法的優點是生產成本低且速度快，最常被用來製作的合成寶石有紅寶石、星光紅寶石，另外還有藍寶石、星光藍寶石、尖晶石，也用來生產鑽石的類似石合成金紅石。

火焰法的結晶製程，是將粉末狀的化學物質通過高溫的火焰（約2000℃），掉落在逐漸旋轉下降的平台上結晶冷卻，圓柱狀的結晶外型一端以尖頭收尾，

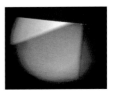

梨晶及台子外觀

稱為「梨晶」（boule）又稱「晶棒」。由於在旋轉的狀況下成長晶體，因此火焰法的合成寶石內含物的特徵是彎曲弧線及氣泡狀物。

2.拉晶法（Pulling）

1918年沙可洛斯基（Czochralski）發明拉晶法，又稱為「提拉法」或以發明人之名命名「沙可洛斯基法」。顧名思義，「拉晶法」有「從熔化物中拉出晶體來」的意思。拉晶法的製程，是從一個可耐高溫的容器（坩鍋）中，將粉末狀的原料熔化後（約2030℃），由一個誘發生長架構的小種晶，以旋轉棒碰沾熔化的原料並緩慢向上拉起，冷卻後成為結晶棒。

拉晶法產出的晶體通常乾淨度高且塊度大（直徑10～40公分），不只用在珠寶市場上，工業上的應用更是廣泛。像是應用在鐘錶的表面及軸承、條碼掃瞄器、照明、光學通訊儀器等等。

以拉晶法製造的合成寶石有紅、藍寶石等剛玉、亞歷山大變石、金綠玉貓眼石，也能製造鑽石的類似石釔鋁榴石（YAG）、釓鎵榴石（GGG）。

3.浮區法（Floating zone，又名區域熔煉法、浮帶法）

主要是應用在半導體科技上。區域熔煉法是將含有化學成分粉末製成的燒結棒，在旋轉的同時讓有射頻加熱線圈的加熱器通過，使化學物質在一段段區域加熱的情況下，逐區熔解並引發再重結晶，最後整個棒子轉化成一個單晶。這種方法可以產出合成剛玉及變石，此法製造主要用於工業材料而少見用於寶石。

4.銅壁熔融法（Skull melt；又名冷坩堝殼熔法）

合成二氧化鋯石（Synthetic cubic zirconium; CZ）因為屬於立方晶系，又名「立方氧化鋯」，商業上俗稱「蘇聯鑽」，也有人用「方晶鋯石」稱之。合成二氧化鋯石，在製程中需要在極高的溫度

中進行。「殼熔法」是用微波加熱的方式讓材料熔融後重結晶，但是金屬很難能夠耐得住攝氏2500度的高溫，所以加以應用循環冷卻水來保持外部容器低於內部熔點的溫度。生長的晶體呈不規則柱狀體，內部潔淨，可能會有粉末狀內含物或小氣泡。

除了常見的無色合成二氧化鋯石（蘇聯鑽）外，加入適當的著色劑幾乎能產出所有消費市場想要的顏色。由於它的高折射率和極強的色散光學效果，再加上極為低廉的價格，無色的合成二氧化鋯石成為銷路最佳的鑽石類似石。

■溶解法（Solution processes；從溶液中結晶）

溶解法的製程比熔化法費時且成本高，而且可以說是模擬天然的生長環境與過程，溶解法培育出來的合成寶石連內含物也酷似天然產物。主要的兩種製法分別是「助熔法」和「水熱法」。

1.助熔法（Flux growth；助熔劑法）

助熔法是某部分模擬自然界岩漿析出結晶成礦的過程。將構成寶石的原料藉由助熔劑，加速原料在高溫下熔解於低熔點的助熔劑中，使之形成飽和溶液，從大約1300度左右的溫度通過緩慢降溫或在恆溫下蒸發熔劑等方法，使熔融液處於過飽和狀態，讓寶石晶體析出生長。一般利用籽晶能夠誘發晶體生長，助熔法也能以自發性結晶（自發成核）來生長寶石晶體。

助熔劑法，是培育合成寶石非常重要的方法，能培育出各種顏色的剛玉、祖母綠、變石、YAG。

其中最為珠寶市場熟知的有數家知名的研發製造所，如查騰（Chatham）的祖母綠、卡善（Kashan）的合成紅寶石、拉姆拉和尼希卡等。

　　由助熔劑法培育的晶體通常較小，但是可見晶形晶面。助熔劑因為具有腐蝕性，所以一般會用「鉑金坩堝」作為容器。助熔劑法合成的寶石中，常見因為熔解不完全的助熔劑分佈寶石內呈現如面紗狀和指紋狀殘渣、因為高溫造成坩鍋內壁剝落的三角或六角金屬片，以及細微排列成線雨滴狀的典型內含物。

合成祖母綠結晶

2.水熱法（Hydrothermal growth）

　　水熱法又稱熱液法，在一定程度上模擬自然界地下熱液礦床礦物高溫高壓結晶的過程。此法是在大氣條件下不溶或難溶解的物質，利用高溫高壓狀態下的水溶液溶解產物，並使其在過飽和溶液中從而結晶生長。

　　水熱法合成寶石多採用壓力鍋，密封加壓的鍋子裝有高溫水，中央懸浮天然或合成的籽晶，依合成物的不同在鍋底或鍋頂放置稱為養料的化學物質。壓力鍋內溶液的溫差產生對流形成過飽和

狀態時便會匯集新物質，從而在籽晶上生長。

以水熱法製成的合成寶石有綠柱石（包括祖母綠）、石英。長出的晶體具有晶面，內部缺陷少，有鉑金屬片、釘狀內含物、麵包屑狀內含物及山形狀紋理等內含物。由水熱法製成的石英晶體和天然的石英晶體，常常因為內部完全無內含物而難以判斷誰是天然或誰是合成的，因此可靠的辨識是以「紅外線光譜儀」輔助測量水分子的吸收來加以區別。

合成祖母綠的著名製造商有拜榮（Biron）、查騰（Chatham）、李奇來尼（Lechleitner）、萊尼克斯（Lennix）、雷傑西（Regency）、精工（Seiko）；俄羅斯水熱法合成祖母綠也達到很高水準。

■合成鑽石（Synthetic Diamond）的製程分類

「牛糞變鑽石」這句聳動的用語的確在市場上一時成為熱烈討論的話題，這也讓珠寶業者一是傷腦筋，一是見到商機。同樣的，合成鑽石的產製多是為了工業上的需求，從大型的磨刀輪或鑽孔機，小到我們生活用的小銼刀。隨著技術進步與產製成本的降低，寶石級的合成鑽石已達商業量產的階段。

1.壓帶法（Belt）高溫高壓法（HTHP）

這個裝置是由美國通用電氣公司發明，高溫高壓法是模擬變質成礦的過程來合成寶石，常用於生產合成鑽石及合成翡翠。其生產製作過程是在一個耐高溫且能承受高壓的反應艙中以合成或天然鑽石粉末為碳源，加上金屬助熔劑，在反應艙中加以極高的溫度和

壓力，使得鑽石重結晶於誘發晶體生長的籽晶上；平均生長一顆一克拉的晶體需要60個小時。

2.BARS法

目前市場上大部分寶石級合成鑽石的製作方式，是由1990年俄羅斯人發明的分裂球無壓裝置（split sphere, non-press apparatus）產製。其原理類似「高溫高壓法合成鑽石」。該裝置是由2個半球、8個瓣組成，合成時需要的壓力則是由液體注入壓力桶內獲得。高壓使得8個瓣合攏成為球體，形成一個立體的反應艙，艙內含加熱裝置、籽晶、碳的粉末和金屬助熔劑，加熱後對構成八面體形狀的6個活塞產生高壓。一次只能長成1個晶體，而1克拉的晶體需時3天結晶完成；製成的合成鑽石大部分成色界於黃～褐色，少見白色；通常會再對黃～褐色的合成鑽石施以輻射處理來改變顏色。

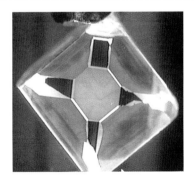

高溫高壓合成鑽石

3.化學氣相沉積法CVD

化學氣相沉積法（chemical vapor deposition method, CVD）是一種在低壓下生長鑽石的新方法，利用化學反應的方式在反應器內將反應物（通常為氣體）生成固態物，並沉積在晶片表面的一種薄膜沉積技術。利用高純度的甲烷、氫、氮等氣體輔助，以加熱、放電等方法啟動碳基氣體，讓甲烷中與鑽石一樣的碳分子不斷累積到

一克拉CVD合成鑽石（SSEF提供）

鑽石（籽晶）上，經過一層層的增生堆疊形成纍晶。

ＣＶＤ用於鑽石及其他材料的表面鍍層，利用其具有高聲波傳遞速度及高熱傳導特性，使得鑽石的應用擴展到高頻通訊產業、光電產業的散熱與光學元件以及鑽石半導體晶圓材料等等。近年來由於在生長速度及塊度尺寸技術上的突破，CVD合成鑽石將漸漸進軍珠寶鐘錶市場。

⑴沉澱法製作合成蛋白石

天然蛋白石的生長是在穩定的大地，億萬年來旱、雨交替的氣候下，在富含二氧化矽的環境裡累積出美麗異常的寶石。1974年由吉爾森（Pierre Gilson）首次研發成功以化學沉澱固結的方法合成製造合成蛋白石（synthetic opal），與天然蛋白石具有相同的化學成分和內部結構。

合成蛋白石的過程主要分三步驟：

①讓二氧化矽化合物在水和酒精的溶液中混合均勻分佈，然後添加如氨的弱鹼物質，使反應生成二氧化矽球粒。

②需要一年的時間沉澱，讓這些球粒自動緊密堆積排列、固結。

③採用靜壓壓實法或燒結的方法將材料膠結起來。

合成蛋白石遊彩呈現塊狀及柱狀蛇皮現象

　　其製成的合成品種有合成白蛋白石、黑蛋白、火蛋白。合成蛋白石可以展現與天然蛋白石（又名歐泊）相類似的遊彩現象（或稱變彩），但其色斑通常會有如蛇皮、蜥蜴皮的色塊現象及柱狀結構，有別於天然蛋白石遊彩的自然交錯現象。

　　⑵合成碳化矽（又稱碳矽石）

　　合成碳化矽在1955年由Lely利用高溫的蒸氣轉換（氣相昇華法）產出合成碳化矽。主要作為工業用研磨材料和半導體材料，到了1998年才由美國C3 Inc公司將製成品帶入珠寶市場。因為其製成品與鑽石有相近的導熱性和光學性質，硬度也達到9.25之高，被珠寶商用來當作鑽石的類似品，因而曾經造成珠寶市場、回收鑽石業者及當鋪業者的恐慌。

　　六方晶系的合成碳化矽，具有雙折光的重影現象，並且有平行排列的針狀內含物，加上很強的色散及偏黃的體色，只要仔細觀察就不會和鑽石混淆；商業上有魔星石、魔星鑽及莫桑石等名稱。

莫桑石線狀內含物

chapter 1

紅色寶石

鐵鋁榴石
Almandite Garnet

鐵鋁榴石

一月生日石的榴石是一個族類繁雜的寶石家族；英文名稱「Garnet」是從拉丁文「Granatus」而來，意思是「像種子」，應該是和石榴樹（pomegranate）有關，因為石榴樹種子的顏色與形狀大小都酷似榴石。

所有榴石的分類都有著類似的化學分子式，鐵鋁榴石是15種榴石分類中以紅色為主的一種。完全純的鐵鋁榴石的化學元素是鐵鋁矽酸鹽，天然的鐵鋁榴石通常含有一點點的鎂元素，但是鐵元素卻是鐵鋁榴石紅色的成因。鐵鋁榴石的紅在色調上通常比較暗，又可細分成紅、紫紅、橘紅及棕紅色。鐵鋁榴石算是最普遍的一個分類，也是珠寶飾品中非常普遍被採用的寶石。除此之外因為鐵鋁榴石的硬度、韌度都好，再加上價格便宜又容易取得，所以還被拿來當作研磨劑使用。

鐵鋁榴石又被稱作是「貴榴石」，礦石內常見在同一平面上，角度成70及110度並行排列針狀內含晶體，因此常見四條星線的星石現象鐵鋁榴石。

產地有斯里蘭卡、巴西、馬達加斯加、印度、美國愛達荷州和澳洲等地。容易和鐵鋁榴石混淆的其他寶石是錳鋁榴石、鎂鐵榴石、鎂鋁榴石及紅寶石等紅色寶石。

鐵鋁榴石（伯爰珠寶提供）

TIPS

1.泰國紅寶品質比較差，緬甸的紅寶品質比較好是
真的嗎？

　　珠寶從業者喜歡以產地區分寶石的品質；任何產地國都有
好、壞不同品質，消費者要知道珠寶業者口中聲稱的「緬甸紅
寶」是指顏色正紅色且品質好的紅寶石，並不表示所有產自於
緬甸的紅寶石都是高品質的紅寶。

紅色綠柱石
Beryl、Bixbite

紅色綠柱石（吳崇剛提供）

有人稱大紅色綠柱石為紅色祖母綠，其原因是因為祖母綠和大紅色綠柱石都是綠柱石（Beryl）的分類；而綠柱石分類中又以祖母綠最有名，因此「紅色祖母綠」的商業俗稱就被引用了。

錳同時是紅色綠柱石和摩根石的致色元素，唯二的產地是在美國的猶他州及新墨西哥州，寶石級的紅色綠柱石更只有猶他州的Wah Wah Mountain生產。天然紅色綠柱石是非常稀有的，相較於鑽石而言，每15萬個鑽石結晶才有一個紅色綠柱石結晶，而每兩百萬個女人中也只有一個女人一生可以擁有一顆一克拉重的紅色綠柱石，它的稀少性由此可見一斑了！

紅色綠柱石結晶粒子通常都很小，大多介於2～10mm長，4～6mm厚，所以很難切磨成刻面寶石。目前最大的原石尺寸是14mm×34mm，重達54克拉；而已切成刻面的寶石級紅色綠柱石也只有8克拉大小。

紅色綠柱石除了有正紅色外，也見帶橘的紅及帶紫的紅。

TIPS

2.什麼是人工培育祖母綠？

　　泰國是寶石和珠寶加工的聖地，國人到泰國旅遊的時候，常會前往大型掛保證的國貨店血拼。商家附有的鑑證書上面寫著的是「人工培育祖母綠」（Lab Created Emerald）就是「合成祖母綠」，是從實驗室培育出來的祖母綠，所以才又被稱為「人工培育祖母綠」（請見概論有關合成寶石章節）。

紅玉髓
Chalcedony; cornelian、sard

紅玉髓

　　寶石學裡稱質地均勻的隱晶質石英為石髓（Chalcedony）或玉髓，常見與石英共生的情形；將石髓中有明顯平行或彎曲條紋外觀的稱之為瑪瑙。玉髓因顏色的不同又分為數種不同類別，有著個別的專有名稱。具有紅色系外觀的屬於紅石髓（cornelian）以及褐紅石髓（sard）。

　　玉髓的主要化學元素是氧化矽，因為含有鐵、鎳等其他的微量元素而呈現各種不同顏色。就是因為玉髓顏色與分類眾多，而有著「千種瑪瑙，萬種玉」的美稱，在眾多顏色中又以紅玉髓和藍玉髓最具知名度。

　　從次透明到半透明，黃橙—橙紅—褐紅色的玉髓都屬紅石髓、褐紅石髓的範圍內。「髓」為物之精華的意思，藏在粗糙岩層中的細緻玉髓可當之無愧。玉髓的質地總彷彿有一層泛光，因此也被稱為「光玉髓」。這個產量豐富，數千年來備受人們喜愛的寶石材料，由於價格平實並且塊度夠大，讓設計師能隨心所欲地切磨成自由形式設計製作成

（伯寶珠寶提供）

獨特的作品。

　　選購紅玉髓首重顏色及色度（顏色的飽和度），透明度及塊度。玉髓裡一個值得特別一提的分類是1990年初期到中期在臺灣盛極一時，且廣被收藏的血玉髓（又稱臺灣雞血石），這是一種透明度較低、紅色較鮮豔且多以圖案方式呈現的玉髓分類。臺灣曾經是紅玉髓的一個非常重要的產地，產出的紅玉髓多製作成手環及蛋面戒面，經過初級加工後銷往國外賺取外匯；紅玉髓也常被拿來當作是印章用材料。

　　玉髓因為含有微量的鐵元素而呈現橙紅的顏色，而含鐵的黃褐色石髓可以經由加熱處理成為天然紅石髓的橙紅顏色。產地有巴西、烏拉圭及印度等地。

（伯寶珠寶提供）

3.鴿血紅的紅寶比牛血紅的紅寶好嗎？

　　鴿血紅或牛血紅都是珠寶業界對紅寶石顏色分類的稱呼；一般稱作鴿血紅的紅寶石指的是顏色正紅的頂級紅寶石。

紅珊瑚
Coral

紅珊瑚

在四種有機物寶石中的珊瑚和珍珠有許多相似之處；除了兩者都是有機物寶石，兩種寶石又同時都是來自於深海，並且也都含有90%的鈣碳酸鹽。

珊瑚是產自日本、臺灣附近三百公里深海處的動物骨頭，屢屢因為長成樹枝狀而被誤以為是植物；又因為是完全不透明的寶石，所以常被塑形為圓珠或是雕刻物件，也有的就是僅做初步拋光而留下原本樹枝狀的外型，這種非制式形狀的珊瑚常被珠寶設計師取用作特殊造型設計。

珊瑚的紅色是因為珊瑚在生長過程中吸收了海水中的氧化鐵而形成的。珠寶業界定的可達到寶石級佩戴的紅珊瑚，它們的商業分類有：

手指／謝世華設計

1.阿卡（AKA）紅：深紅色阿卡或大紅色阿卡，是紅珊瑚中的最高級種類。

2.沙丁紅：產自義大利沙丁島的一種大紅色珊瑚，孔洞少但是光澤稍遜於阿卡。

3.MOMO紅：為桃紅或
橙紅色。

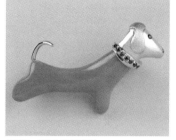

雅痞／謝世華設計

　紅色珊瑚是珊瑚
裡最昂貴且受歡迎的類
別，但是因為珊瑚的硬
度只有3.5，相較於一般
寶石軟，因此在佩戴時
要特別小心！又因為是有機物寶石，所以香水、化妝
品、熱水或清潔劑多少會對珊瑚有所傷害，佩戴後的
清潔保養工作不可少。

TIPS

4.為何珍珠的皮光顏色會不一樣？

　珍珠會有不同的顏色是因為培養珍珠的母體（貝類、蚌、
蛤等軟體動物）的不同使然；像黑珍珠就是由黑蝶貝產出，而
白珍珠由白唇貝養殖出來的。不同的貝種，養殖出不同體色的
珍珠。

孔賽石
Kunzite

孔賽石（大器珠寶提供）

孔賽石那淡淡的粉紫色像極了少女羞紅的雙頰，和其他寶石比起來，孔賽石可是寶石界的「新秀」。1902年由紐約珠寶商George Frederick Kunz最先將它介紹給大家，這一產自美國加州的新秀寶石「孔賽石」就是以這一位珠寶商的姓氏命名的。

孔賽石是鋰輝石（Spodumene）的一個次類，色淡且常見大克拉數，色濃的孔賽石是稀有且價昂的。孔賽石有一個特別的現象，會因為觀看角度不同而呈現濃淡不一且色彩不同的顏色；同一顆寶石上會某一角度呈現淡粉紅，另一角度呈現紫紅色，這種特殊的不定向色的現象是孔賽石特有的。

淡紫粉紅色的孔賽石很容易讓人和「愛」作聯想，因為平價，是一般人都負擔得起的寶石，所以成為鑽石之外，情人間示愛的首選寶石。除此之外，據傳孔賽石還具有醫療效用，可以增強人們愛的能量及同理心，也能增強自我內在的平靜力量。

因為孔賽石有讓人脫離煩惱、遠離痛苦與緊張的心理療效，這些積極正面的效能使得孔賽石越來越受到矚目。

TIPS

5.臺灣藍寶好還是斯里蘭卡的藍寶好？

　　商業俗稱的臺灣藍寶是屬於玉髓種類之下藍色分類，含有微量銅而呈現藍色～黃綠色，專有名稱是藍玉髓（Chrysocolla in Chalcedony），主要產在臺東縣海岸山脈東河都蘭山、花蓮縣、豐濱八里灣；而斯里蘭卡藍寶石則是剛玉之下藍色的分類。這是兩種完全不同的寶石，不同種類的寶石是無法放在一起比較好壞的。

摩根石
Morganite

摩根石

摩根石是綠柱石（Beryl）之下的一個次類，因為含有錳這個化學元素而呈現粉紅色。雖然摩根石在百萬年以前就已經問市，但是在1911年以前，摩根石並沒有自己的專屬名稱，而是被稱作「Pink Beryl」，直到1911年之後才以紐約的一位銀行家兼寶石收藏家Joan Pierport Morgan之名命名。

大部分的摩根石顏色都非常淡，顏色範圍多界於粉紅色、桃紅色，或帶橘的粉紅。摩根石雖然不像綠柱石另外一些極為有名的分類——祖母綠、海水藍寶般聲名大噪，但是它特有的粉紅色著實吸引著仕女們的目光。再加上摩根石是愛、魅力、機智與親切的象徵，生活在壓力十足的二十一世紀裡，摩根石總是能帶給人平靜與柔順，這也是為什麼在眾多寶石中，摩根石被認為可以減壓，帶給人放鬆的心情。

除了顏色決定摩根石的被喜愛程度之外，大小也占了舉足輕重的地位，一般摩根石相較於其他貴重

Nico珠寶提供

寶石來說，顆粒都比較大，因為大顆粒的摩根石，使得它那淡淡的粉紅色比較容易顯現得出來。

　　當今摩根石的主要產地有巴西、馬達加斯加、阿富汗及美國的加州。

Nico珠寶提供

TIPS

6.真的有夜明珠嗎？

　　夜明珠是一種螢石礦物，發光的原因與它含有稀土元素有關，是礦物內有關的電子移動所致。礦物內的電子在外界能量的刺激下，由低能階狀態進入高能狀態，當外界能量刺激停止時，電子又由高能狀態轉入低能階狀態，這個過程就會發光。稀土元素進入到螢石晶格，在日光燈照射後可發光幾十小時，白天其實都在發光，但是白天看不見，到了晚上就看到了。螢石雕琢成圓珠者就叫夜明珠，雕成玉板者叫夜交璧。由此可知能發光的夜明珠不是珠貝蚌所產的珍珠。

粉紅色剛玉
Pink Sapphire

粉剛（吳照明提供）

紅寶（Ruby）是剛玉（Corundum）中大紅色分類，藍寶〈Sapphire〉則是剛玉中藍色分類，那麼剛玉中橘色、綠色、粉紅色等等其他顏色該怎麼稱呼呢？

剛玉中除了紅色及藍色等少數分類有專有名詞外，大部分其他顏色的剛玉分類就在英文字「sapphire」前面加上顏色形容詞，像是「orange sapphire」、「green sapphire」等等以此類推。在中文的翻譯上則有兩種說法，一種就是直接照英文字面意思翻譯，像是「orange sapphire」就直接翻成橘色藍寶；另外一種則是翻譯成橘色剛玉以便和藍寶區隔。

粉紅色藍寶就是過去幾年（西元2000年前後）十分流行的粉剛。在珠寶學裡粉紅色剛玉和紅寶石是完全相同的物質，只是粉剛的紅顏色比紅寶紅色的濃度要淡，在法律上是很難界定粉剛與紅寶的界線，在寶石學裡也只能遵循普遍被接受的顏色分級標準做分類。

大體上來說只要顏色越濃豔鮮

（伯竇珠寶提供）

明，越趨近於紅寶紅色的粉剛其價值就越高；當然其他決定價格因子，像是乾淨度、切割及大小也不宜偏廢。

（唯你珠寶提供）

（唯你珠寶提供）

TIPS

7.合成紅寶石的顏色會因為年代久遠而褪色嗎？

合成紅寶石的顏色是自己本身結晶就有的，所以不會因為年代久遠而褪色。

鎂鋁榴石
Pyrope Garnet

鎂鋁榴石（吳照明提供）

鎂鋁榴石的顏色通常是色調非常暗的紅色，或是略帶棕色的紅色。常見骨董珠寶裡，特別是維多利亞（Victoria）時期的珠寶首飾取用鎂鋁榴石。

英文名稱「Pyrope」是由希臘文「Pyropos」而來，意思是似火一般「Firelike」。鎂鋁榴石的商業俗稱是紅榴石，因含鐵（Fe）和鉻（Cr）而呈紅色或淺紅色。

主要產地有南非、蘇俄、美國的亞利桑納州、新墨西哥州和猶他州也有生產。珠寶市場上俗稱的亞利桑那紅寶（Arizona Ruby）指的就是鎂鋁榴石。消費者如果有機會到國際寶石交易市場，必須理解那些寶石販售商口中的亞利桑那紅寶（Arizona

（寶格麗珠寶提供）

Ruby）、亞利桑那尖晶石（Arizona Spinel）、蒙大拿
紅寶（Montana Ruby）及墨西哥紅寶（Mexico Ruby）
指的都是榴石而不是紅寶石。

TIPS

8.摸起來是冰冰的感覺就一定是天然的寶石嗎？

　　舉凡結晶形成的無機物礦石，摸起來的溫度觸感都是冰冰
的。早先珠寶從業者會用觸覺這一簡易的方式來區分天然礦石
與玻璃、塑膠，但是合成石（人造的）也是結晶而成，摸起來
的觸感也是冰冰的，所以摸起來冰冰的除了天然寶石外，也有
可能是合成寶石。

菱錳礦
Rhodochrosite

菱錳礦燻肉條紋（吳崇剛提供）

一般人容易將菱錳礦與薔薇輝石混淆，是因為菱錳礦和薔薇輝石有著極為相似的粉紅色外觀，而英文名稱「Rhodochrosite」是源於希臘文「Rhodon」玫瑰的意思。因為多產自於阿根廷因此又叫作「阿根廷石」。

菱錳礦有著玫瑰般的紅色，也見棕色，少見單晶體石材，多為半透明到不透明的塊狀石材，常見像瑪瑙一般紅白相間的

設計金工：三人雅久

條紋結構（又稱煙燻肉條Bacon效果），所以又有人稱其為紅紋石。

產地有祕魯及美國科羅拉多州艾瑪鎮（Alma）的Sweet Home Mine礦脈。世界最大的寶石級菱錳礦晶體（Alma King）於1992年在Sweet Home Mine被開採出後，奠定了Sweet Home Mine成為菱錳礦世界級產地的地位。

TIPS

9.為什麼銀樓都說：鑲在純黃金上的紅色寶石是 Ruby；鑲在K金上的紅色寶石叫作紅寶？

　　純黃金較柔軟，其實不太適合用來鑲嵌貴重寶石。我們會見到阿嬤的珠寶盒裡多半有一種鑲了大大一顆紅色石頭的純金戒指，這種鑲嵌在純黃金上的紅色石頭通常是火焰法製造的合成紅寶石（Synthetic Ruby，見概論）。因為早先珠寶從業人員不知如何發音「Synthetic」（合成）這個英文字，因此省略只發音Ruby，造成如此說法Ruby是鑲在純黃金上的。由於價錢不高，鑲在純金上戴久了不夠牢固，即使掉了也比較不覺得可惜。而天然紅寶還是要選擇堅硬度高的K金來鑲嵌，於是才會有銀樓說鑲嵌在K金上的是真的紅寶石，鑲在純黃金上的叫作Ruby。

鎂鐵榴石
Rhodolite Garnet

鎂鐵榴石（吳照明提供）

榴石家族分類多達十五種之多，而寶石級的分類更有十種之多；這十數種不同的分類有著大致相同的化學分子式，其中一點點化學元素的置換導致不同分類的生成。在顏色選擇上，除了藍色之外，你要的顏色，榴石家族都能滿足你，而在這所有的顏色中又屬紅色最著稱。

鎂鐵榴石是鎂鋁榴石和鐵鋁榴石的混合體，是十九世紀末在美國北加州發現的一個分類，名稱由希臘文「rose-like」（如玫瑰般）而來，主要是形容它的紅色像是紅樹莓的紅及帶紫的紅色，十分迷人。Rhodolite的顏色因為十分像是北加州一種叫作Rhododendron的植物所開出來的花卉的顏色而得名。

鎂鐵榴石因為價格不貴，是一般人可以負擔得起的寶石，所以常見流行飾品取用它，最主要的產地在坦尚尼亞、印度以及斯里蘭卡。

TIPS

10.琉璃是什麼？

在明清時期「琉璃」指的是低溫燒成不透明的陶瓷（琉璃瓦可能因此得名），現代只要是彩色的玻璃都被稱為「琉璃」。中國玻璃有兩千四百多

年的歷史，有著一段段美麗的傳說，相傳古法琉璃一詞源自范蠡為勾踐鑄劍時意外發現這種晶亮的物質，越王勾踐將其命名為「蠡」。范蠡作為定情物送予西施，然而後來西施被迫前往吳國，臨別時將「蠡」送還，西施的眼淚滴在「蠡」上，淚水在上面流動，後人就以這美麗的故事稱之為「流蠡」，後傳為「琉璃」。另一典故為古時佛教東傳稱青石為瑠琳或琉璃，古人辨別寶石重色不看質，當時玻璃多為呈藍色或綠色而得琉璃之名，現今日文中的琉璃指的仍是青金石之意。

　　玻璃是經過加熱再冷卻的過程製造出來的，所以常見氣泡內含物。無色者為玻璃，彩色者稱為琉璃，主要化學成分是氧化矽，其製作過程是加熱再冷卻，不同於一般合成石的結晶培育。

薔薇輝石
Rhodonite

臺灣奇萊山玫瑰石

薔薇輝石的名稱是來自於希臘語薔薇之意，又稱「玫瑰石」，石如其名乃因粉紅色是它的主要色彩，或偶見紫色、棕褐色，多半伴隨著黑色氧化錳雜質內含物形成的脈狀紋理。

薔薇輝石少見透明結晶體，多半呈塊狀；因為顏色美麗，質地堅固，多拿來雕刻成裝飾品擺飾，或僅施以表面必要的磨光打亮，顯現出整塊度的抽象圖案，具有收藏及觀賞價值。薔薇輝石雖然不像其他亮晶晶的單晶體寶石受到大多數消費者青睞，但是它有著值得一提的輝煌過去，薔薇輝石的雕刻物品曾經是蘇俄沙皇婚禮最喜歡的禮物之一。

像其他大多數的粉紅色寶石一樣，薔薇輝石也被認為具有安定神經、放鬆精神及帶來正面及愛的力量，甚至曾經被當作是「療癒寶石」。

美國麻塞諸塞州（Massachusetts）將薔薇輝石定為州石；薔薇輝石的產地眾多，有巴西、澳洲、俄國、美國及墨西哥。臺灣花蓮的三棧溪、木瓜溪及立霧溪上游也出產薔薇輝石，其中不透明的石材材料被認為是品質最好、最美的。

TIPS

11.半寶石是天然寶石嗎？

　　英文裡「semi-precious gems（stones）」就是臺灣珠寶業者口中的半寶石，在珠寶學裡與「precious gems」（貴重寶石）並列為有色寶石兩大類別。如果照英文字面上翻譯，比較貼切的譯法應該是「半貴重寶石」，就是不那麼貴重的意思。所以「semi-precious gems」指的是比較不貴重的天然寶石。

粉晶
Rose Quartz

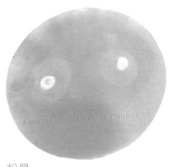

粉晶

星光粉晶（淳貿水晶提供）

白水晶的健康、紫水晶的智慧、黃水晶的財富，什麼都有了卻獨缺愛情；於是粉晶滿足了你對愛的渴望與需求，自此人生就獲得圓滿！

粉晶是石英（Quartz）種類下的一個分類，顏色從很淡的粉紅色到濃度較深的粉紅都有，一般來說少見像黃、白、紫水晶般透明單晶體，粉晶多是半透明，因此常被切割成凸圓面或圓珠狀。長期以來粉晶顏色的形成原因對科學家而言一直都是一個謎，直到最近才有研究報告顯示，粉晶的顏色是因為化學元素鋁及磷所造成。

粉晶在市場上又被稱作是芙蓉晶、玫瑰晶、薔薇水晶，因為人們相信有招桃花及愛的能量，所以又叫作愛情石。除了一般粉晶外，還有一種通常呈現六道光芒的「星光粉晶」，這種星光粉晶讓粉晶更具神祕色彩，討人喜愛。

產石英的地方就有粉晶的生產，在所有產地中以巴西及馬達加斯加最有名。

（Nico珠寶提供）

TIPS

12.天然水晶是否可以用頭髮辨識？

　　水晶是六方晶系，單軸雙折光的寶石（請見概論），因此在許多角度會有重影的現象，許多人會拿頭髮來實驗證明，但其他許多天然及人造寶石，例如合成水晶或外觀和水晶十分相似的方解石等，都會有相同的現象，所以用頭髮測試不是絕對可靠的辨識方法。

紅色電氣石
Rubellite

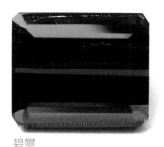

碧璽

提到碧璽就不能不特別介紹一下名稱電氣石及碧璽的由來，電氣石是「Tourmaline」的中文譯名，因為原石的兩端一端呈陽極電，一端生陰極電而得名。碧璽是中文的俗稱，因為電氣石中以紅色（璽是紅色）及綠色（碧謂之綠）最著名，因此得名碧璽。

紅色碧璽因為紅色的濃度不同或色彩、色調間的差異可以呈現粉紅色、褐紅色等不同的紅。如果顏色正紅、濃度夠深的紅會被稱作是大紅碧璽，英文是「Rubellite」；被稱作是「Rubellite」的大紅碧璽其紅色呈現穩定，不會因為光源不同而呈現不同的紅色，因為大部分的紅碧璽在白熱燈炮光源之下會呈現棕色調。常常可見電視購物台會以「紅寶碧璽」的商業俗稱來販售大紅碧璽，消費者只要清楚知道紅寶碧璽和紅寶是兩種不同寶石，只是對大紅碧璽顏色的陳述方式罷了。

大紅碧璽的主要產地有巴西、阿富汗、非洲、巴基斯坦、錫蘭、緬甸等地，美國則有粉紅色碧璽的產出。

選購大紅碧璽首重色，顏色要正紅不帶棕色調，且濃度要夠。大紅色碧璽與祖母綠同為雜質最多的寶石，因此不宜苛責其乾淨度，只要肉眼看不見明顯雜質的大紅碧璽就是上選了。

陸啟萍設計

TIPS

13.半寶石的價值是不是比貴重寶石低許多？

商業上統稱為半寶石的寶石種類有數十種之多，每一種寶石的價格都不相同。

有些寶石因為稀有（像是紅色綠柱石），所以價格並不輸給所謂的貴重寶石，另外一些新秀寶石（丹泉石等），因為只有單一礦源，所以價值不菲。

紅寶石
Ruby

紅寶（大器珠寶提供）

紅寶是剛玉（Corundum）中的一個分類，其英文名稱「Ruby」源自於拉丁文的「Ruber」，原意就是紅色。紅寶石貴為寶石之王（King of the gems），可以想見其價值之「貴」居群石之冠。可是任何一種寶石都有品質好壞的差異，品質差的紅寶不會被製作成珠寶飾品，只能拿來當作研磨劑使用；紅寶石品質好壞之間的價差不僅止於百倍、千倍甚至是萬倍！

■產地

紅寶石的產地並不多，有緬甸、泰國、錫蘭、越南、非洲和印度等國，並且皆是小規模的生產，不但產量小連產出的顆粒也小（多小於一克拉）。其中最著名的紅寶石產地在緬甸的莫克區（Mogok），其顏色品質最好但寶石內含雜質較多；其次重要產地為泰國，泰國紅寶因含鐵元素導致顏色帶褐棕或暗紫色。相較於泰國紅寶，錫蘭紅寶則顏色屬較淡的紅色或桃紅色，但卻較光耀（Brilliant；是珠寶從業者口中聲稱的火光）。越南產的紅寶石因其品質接近緬甸紅寶且雜質較少，其地位已漸趨重要。而非洲和印度紅寶則少見好品質者。

珠寶業界一般喜歡以產地來區隔顏色品質，因此即便產自於

泰國的紅寶，只要顏色品質夠好的都稱之為「緬甸紅寶」；反之，緬甸出產顏色品質差的紅寶就成了「泰國紅寶」了。那麼究竟什麼樣的紅寶石才是好的呢？

■品質評價

大部分的寶石都適用於以4C的標準來分析其品質的好壞（少數例外：珍珠、琥珀等）。

1.顏色（Color）

珠寶業界形容正紅的紅寶石為「鴿血紅」，較次級的顏色是紫紅色、橘紅色，最不討喜的則是褐紅、棕紅色。也許是造物主的公平吧！通常顏色較美的紅寶，其內含雜質會比較多；而帶褐、棕色的紅寶石則比較乾淨，這真是世上沒有兩全其美的事！

2.淨度（Clarity）

紅寶石在有色寶石中算是乾淨度較差的（僅優於祖母綠及大紅色電氣石）。想要找一個完美無瑕的紅寶幾乎是不可能的事，因此在挑選紅寶石時只要肉眼看不見寶石內含雜質，而其瑕疵不至於對寶石的堅固性造成威脅（譬如：因碰撞造成寶石的崩缺）即可。

3.克拉重量（Carat Weight）

在所有貴重寶石中當數紅寶石最難求得大顆粒，鑽石可以大到上百克拉，而全世界的紅寶石中超過十克拉者寥寥可數，大部分的紅寶石重量都少於1克拉。

紅寶石（頂康珠寶提供）

4.切割（Cut）

一般品質較好、透明度較佳、雜質較少的紅寶石會被切磨成「刻面」（寶石被切磨成數十個大小、形狀不同的面且成特定方式排列）切割。根據寶石的光學特性，按照一定的角度、比例切割，使得射向寶石的光得以有最大的反射與折射，顯露出寶石閃閃發亮的特質。對於寶石這樣閃耀的特質，臺灣珠寶業界以「火光」形容，而西方業界則以英文字「Brilliance」（亮光）形容。大體而言，一顆紅寶石，自正面看來能有50%的亮光（或稱火光）已算不錯了，而亮光更高達75%以上則是上選品。

許多的紅寶石雖被切割成刻面，但因為角度不對或是底部太深、太淺，導致射向寶石的光無法達到最大的反射與折射。上述情形的發生泰半是切磨師想要保留最多的重量（重量就是金錢）而犧牲了美麗。

紅寶石常見的另一種切割形式是凸圓面（Cabochon，俗稱蛋面）切割，切成此形式者品質較刻面切割者差，當然在價錢上相對就遜色得多了，著名凸圓面式切割的紅寶石是紅寶星石，因圓拱凸出式切割以展現其星線光芒得名。

中國風上海格格項鍊（伯貫珠寶提供）

■你不可不知的合成紅寶石（Synthetic Ruby）

人造紅寶石的存在於市場是因為天然紅寶石價格太昂貴，給予喜愛紅寶石的消費者多一種選擇，但是卻常被珠寶商用以欺騙消費者賺取不合理的利潤。人造紅寶石無論在物理、化

學、光學各種特性上皆和天然紅寶石相同，唯一不同的是一個培育自實驗室，一個是大自然的產物；因生成方式不同造成不同的內含物，而辨別的「唯一」方式就是透過高倍顯微鏡放大觀察，寶石學家們就是依據特殊內含物加以辨識何者是天然品。

■紅寶石的優化處理（enhancement treatment，俗稱美容術）

是不是只要能分辨真假就可安心了？珠寶市場永遠有讓消費者無法掌控的商品陷阱，有些優化處理其目的在美化寶石的原貌以達到易於銷售的目的，有些則意圖混淆欺騙，消費者不可不了解。以下簡列各處理方式，詳細說明請參閱概論中「寶石優化處理」。

1.熱處理（Heat Treatment）

2.擴散處理（Diffusion Treatment）

3.填充處理（Filled）

4.泡油或浸油（Oiling）

5.染色（Dyeing）

6.夾層紅寶（Doublet or Triplet）

TIPS

14.藍寶石顏色是不是越深就越好？

在寶石色彩學上將顏色細分成色彩、色調及色度三部分。通常深淺用來形容的是色調，色調則是由白到灰黑階的明暗層次；一個好的藍寶石條件是，藍色濃度夠的正藍色，而不是色調深的藍。

紅色尖晶石
Spinel

尖晶石

大紅色尖晶石因為它的紅及折光率接近紅寶石，自古以來就常被誤認為是紅寶石，其中最著名的一個例子是一顆鑲嵌在英國皇室皇冠上重達170克拉的大紅尖晶石一直被誤認作是紅寶石，直到寶石學興起經過科學鑑定才被證實是紅色尖晶石。

尖晶石因為它的韌性及硬度都非常好，所以非常適合製作成珠寶飾品佩戴；大多被切成橢圓形、圓形或椅墊式刻面切割寶石。紅色尖晶石除了酷似紅寶的大紅尖晶石外，也有帶紫紅色、帶橘的紅或稍淺的粉紅尖晶石，無論是哪一種紅都十分討喜。大體上來說大紅尖晶石的紅比紅寶石的紅多了橘紅色彩，並且尖晶石比紅寶石內含雜質較少。無論如何，在珠寶市場及收藏領域裡大紅尖晶石已經擺脫紅寶石，漸漸受到矚目，走出自己的路。

緬甸是尖晶石的主要產地，另外斯里蘭卡、坦尚尼亞及塔吉克（原蘇聯的一個加盟共和國）也產尖晶石。在西元1100～1450的時候，位於阿富汗北邊的Bala是最早發現尖晶石的地方，當時這些紅色

（Nico珠寶提供）

寶石一度被認為是紅寶石。在國際珠寶交易市場常會用「Balas ruby」或「Spinel ruby」來形容大紅色尖晶石，如果有機會出國採買的朋友不可被這樣的商業俗稱給誤導了。

TIPS

15.什麼是二度燒紅寶石？

　　二度燒是擴散處理（Diffusion Treatment）的商業俗稱，是將紅寶石所需的顏色致色元素鉻與已經切割好的無色剛玉裸石一起控溫加熱、降溫，讓致色元素鉻進入無色剛玉表層，使成為紅色，以達到改變無色剛玉顏色的目的。這種擴散處理方式也用在其他寶石身上。由於致色的方式是以外來物侵入寶石的型態，因此比較不被大家所認可接受。

粉紅色拓帕石
Topaz

粉紅拓帕石（炅照明提供）

你也許聽過黃玉，一般人口中的黃玉並不是玉石，而是黃色的拓帕石。追溯到1950年改色技術還沒有被使用前，黃色拓帕石是拓帕石裡最受矚目的一個分類。黃色拓帕石受喜愛的情形到了1950年有了改變，因為1950年後輻射及加熱處理技術的運用，色淡的藍色拓帕石被改成深受消費者喜愛的色彩濃度高的正藍色拓帕石，自此藍色拓帕石成為一般珠寶商及消費者普遍喜歡的藍色寶石，這最主要的原因還是因為價格是一般人可以負擔得起的。

相對於黃色及藍色拓帕石，紅色系的拓帕石是比較稀有的，有人以「巴西紅寶」（Brazilian Ruby）稱呼粉紅色拓帕石。當今的粉紅色拓帕石多是經過人工改色而來，起源是1750年一位法國珠寶商發現一顆巴西棕黃色拓帕石經過加熱後會變成玫瑰紅的顏色，所以今日國際珠寶業者會以「Burnt Topaz」或「巴西紅寶」來稱呼這種原本是棕黃色經過改色處理而成的粉紅色拓帕石。

16.粉剛（Pink Sapphire）為什麼又叫粉紅色藍寶？

英文裡剛玉（corundum）種類之下藍顏色的分類是「sapphire」，中文翻譯成藍寶石。剛玉的另外一個有名的紅色分類是紅寶石，它的英文專有名詞

是「Ruby」。除了紅、藍寶石擁有專有名稱外，剛玉的大部分
其他分類都是在英文字「sapphire」之前加上顏色表示；舉例：
「pink sapphire」、「green sapphire」、「orange sapphire」。中
文對這些其他分類的翻譯有兩種，一種是按照字義直接翻譯，
像是「pink sapphire」會被翻譯成粉紅色藍寶石，而另外一種
翻譯是為了避免混淆，將顏色與種類剛玉結合，翻譯成粉紅色
剛玉。無論是粉紅色藍寶石或粉剛都是同一個剛玉分類「pink
sapphire」。

chapter 2

橙色寶石

琥珀
Amber

琥珀

在西方，琥珀因為它的晶瑩剔透，有許多與海洋相關的美麗傳說；在東方卻由於那半透明、酷似蜜蠟的凝脂溫潤，讓收藏家們因著它的含蓄甜美把玩於掌心，愛不釋手。

琥珀和蜜蠟同是含有碳、氫、氧和微量硫的有機物質，是古代的植物樹脂（通常指松樹的樹脂）經過長時間的醞釀石化成琥珀，形成的時間從五百萬年到三億年不等。

微量元素比例的不同造成外觀、透明度和內部紋路的不同，因此有了透明的「琥珀」和半透至不透明「蜜蠟」的區別。無論是琥珀或是蜜蠟，英文都稱之為「Amber」，這一字來自阿拉伯文的「在海中漂浮」，德文稱為「bernstein」（燃燒的石頭），因為點燃之後會產生松脂般的清香氣味。在中國，傳說中的琥珀是老虎目光凝集入地後形成的礦石，代表著老虎的魂魄，所以稱為「虎魄」（琥珀）。在西方因為許多琥珀來自於海上，因此美麗的傳說就將琥珀比喻為海神的眼淚。

琥珀的顏色繁多，色黃的稱明珀或金珀，紅的是血珀，深紅是瑿珀，黑的稱翁珀，鵝黃的是蠟珀，白色是骨珀，裡面有昆蟲的叫

蟲珀還有花珀等等，幾乎為每一種顏色都起了個名，可見人們對琥珀的親近和深愛。

琥珀的比重在1.05～1.10之間，會漂浮在飽和食鹽水上面，但這不是絕對的判斷方法，因為有許多人工的膠質仿品也會浮在飽和食鹽水上面。另外琥珀的熔點大約在攝氏200度至380度，市場上能見到許多由小塊或碎屑的琥珀加熱加壓後製成的「再生、組合、重製琥珀」，現在的技術是可以做到幾可亂真，而且還會置入昆蟲在裡面，膠製的仿品亦同。還有一種同樣是樹脂硬化形成，但是年代低於一百萬年叫「柯巴脂」，柯巴脂的硬度和熔點都較低。

透明的琥珀常以加熱的方式來淨化裡面的小氣泡，也常刻意讓其內裡產生圓形的應力裂縫，形成一種琥珀特有的內容物，稱為「太陽光芒」。另外還有使用燃燒或染色的方法使外觀形成仿古的顏色和風化紋效果。

瑞典、丹麥、德國、波蘭、俄羅斯、立陶宛等圍繞著波羅的海的國家，皆為主要的產地。波羅的海的琥珀以金黃色系為主，透明和不透明都有。聞名世界的俄羅斯琥珀宮，正是集合波羅的海琥珀之大成。中國撫順的煤礦區也伴生了較多的色澤古樸的琥珀。另外多明尼加和墨西哥產

謝世華設計

出帶有藍或綠色的螢光反應琥珀而聞名。

TIPS

17.玉環敲起來的聲音是清脆的就是A貨，這樣的辨識方式可靠嗎？

通常珠寶業者會教消費者以聽音辨識法來區分A貨、B貨的玉環。人對聲音的記憶、比較樣本的不同、使用辨音工具的不同都會影響聲音的不同，所以聽音辨識法並不可靠。

赤柱石
Andalusite

赤柱石

稱它作赤柱石也好，紅柱石也罷，英文「Andalusite」是取源自其發源地西班牙的安達魯西亞（Seville Andalusia）地域。赤柱石最顯著的特徵是它那多向色性強得可以同時看見黃綠～橙褐秋天般的色彩，這一同時可見的黃、綠、紅三個色彩的特性十分迷人，恰恰有著安達魯西亞獨特的人文民情——熱情躍動。相信你只要看過一次，從此就能辨識出赤柱石了。

赤柱石多向色性的特殊性及平易近人的價位讓它在古代時贏得了「窮人的亞歷山大變石」（poor man's alexandrite）的稱呼。赤柱石的多向色性是在同一種光源之下呈現數種不同色彩，相

被稱為「十字石」的「空晶石」（吳崇剛提供）

較於亞歷山大變石因為切換不同光源得以展現不同色彩要特殊且迷
人許多!

　　赤柱石還有一個叫作「空晶石」(Chiastolite)的變種,又被
稱為「十字石」(Cross stone)的空晶石,結晶的外觀上因為含有
碳的內含物,以至於空晶石在結構上出現了深色的十字圖案,這樣
的寶石被切成平片狀展現其十字架的圖型,一度成為十分受歡迎的
宗教護身器。

　　除了西班牙外,另外產地包恬巴西、斯里蘭卡。空晶石則多產
於西伯利亞、澳洲、美國、辛巴布威等地。

18.二色寶是什麼?

　　中國的珠寶市場上出現一種被稱為「二色寶」或「鴛鴦寶」的寶石,通常
為蛋面切磨或是手鐲。由於從未被介紹給消費大眾,因此眾說紜紛多了猜測。
其實所謂的二色寶是勘簾石的一個品種,內部含有黑色角閃石內含物的綠色勘
簾石塊,特別的是這種綠色勘簾石和半透明至不透明的紅寶石(剛玉)共生,
因為一綠一紅兩個顏色在一塊兒,所以被稱為二色寶(請參考綠色章節裡的勘
簾石)。

金綠玉寶石
Chrysoberyl

金綠玉（李承歷提供）

金綠玉寶石之下有許多著名的分類，其中以身為五大天王寶石之一的亞歷山大變石最貴重且有名；其他貴重分類有金綠玉貓眼、貓眼變石和星光金綠玉。

明亮玻璃外觀的金綠玉寶石，由於含有「金色」的色彩以及常與綠柱石共生，所以英文稱為「Chryso + beryl」（Chrysoberyl），在早期常與金色綠柱石混為一談。

（寶格麗珠寶提供）

　　黃綠或蜜黃色的體色、高透明度和高淨度再加上較高的折射率，讓金綠玉寶石看起來是特別的明亮。巴西的米納斯吉拉依斯地區（Minas Geraes）是金綠玉寶石最主要的產地，其他還有斯里蘭卡、印度、馬達加斯加、緬甸、辛巴布威等地。

TIPS

19.燒一燒會有松樹香味的就是真的琥珀？

　　這是珠寶從業人員會用的鑑別方式之一。因為琥珀是松樹樹脂，加熱後會散發出樹脂香，這是屬於破壞性測試，會對琥珀造成傷害，不適宜將這測試法運用在珠寶飾品上。

　　消費者可以用手指用力摩擦琥珀至微微生熱，就會散發松香味。

黃水晶
Citrine

黃水晶

屬於大地色彩的黃色除了代表田地，也象徵著財富與權勢，是亞洲人特別喜愛的顏色。最能代表吉祥富貴的黃色寶石首推黃水晶，因此東方人相信黃晶（音似「黃金」）能聚集財富。

黃水晶屬於石英家族中的大型單晶晶體，微量的鐵元素造成黃水晶的顏色，濃郁的黃色調常讓人拿來和黃色的拓帕石（帝王拓帕石）相替代。

黃水晶的產量其實相當稀少，市面上大部分的黃水晶都是取用煙水晶以及顏色較淡的紫水晶，經過加熱到大約攝氏300～550度以產生黃顏色。另外還有用白色的石英經過輻射照

（寶格麗珠寶提供）

射後再進行加熱處理，也可以產生黃水晶。熱處理的黃水晶色調通常會帶橙色或橙綠色，在同樣的加熱過程中也能產生出綠色的水晶。

　　天然黃水晶的產地包括玻利維亞、烏拉圭、墨西哥和馬達加斯加。對紫水晶施以加熱處理而成為黃水晶的品種則大部分產自巴西。近年來常用在頂級珠寶上的黃水晶，經濟實惠又平易近人，塊度、尺寸與切磨款式又多樣，一直是最受歡迎的寶石之一。

TIPS

20.市售水晶球是什麼寶石？

　　一般市面上販售的水晶球多由無色石英及方解石製成。方解石（Calcite）是雙折光極強的一種天然礦石，常被染色處理，與石英（俗稱水晶；紫水晶、黃水晶等）兩者是完全不相同的礦石。在市面上看到的方解石多被磨成圓球形狀或是打磨成像水晶柱的形狀。由於方解石硬度為3，表面容易磨損，遇鹽酸會起泡，並有完全劈裂的解理面，所以耐久性不如石英（水晶）。

金珊瑚
Conchiolin Coral

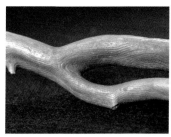

正金珊瑚

珊瑚簡單地被分為碳酸鈣質和硬蛋白質兩個種類,雖然成分不相同但是長的樣子卻十分相似。許久以來,大家認識的寶石級珊瑚,大都是屬於產自地中海、臺灣、日本西太平洋地區及非洲海岸的粉紅色到深紅色外觀的珊瑚。然而二十多年前從澳洲及夏威夷的附近海域開採出的黑色以及極為稀有的金色珊瑚,一上市就受到消費者的喜愛。

金色珊瑚和黑珊瑚一樣是硬蛋白質(介殼素)的角狀化物質,而寶石級的品種通常得在50公尺以上深的水域或垂直的岩壁內側才比較容易被發現。雖然開採不易

(三上雅久提供)

087

黑珊瑚成金色外觀

且數量又不及紅珊瑚來得豐富，但市場價格卻是十分實惠。因為亞洲人特別偏愛金色，因此近年來接受度及銷路發展穩定。硬蛋白質珊瑚生長較快，依品種及其生長海域海流的強弱、含鹽成分的高低、陽光的吸收以及溫度高低等因素的影響而不同，一年約可長成5公分大小。通常在海流最強處生長的珊瑚，品質較為優越，因此拋磨後可達玻璃光澤的亮麗程度。

金色珊瑚表面常見平行長條的細緻紋路，還有珠母貝暈彩般的光澤，橫切面具有同心圓的年輪結構。在市場上以「金珊瑚」稱之的珊瑚，通常指的是將黑珊瑚漂白後，使其呈現亮黃金色的外觀，經過這種處理後，珊瑚表面因漂白而變得粗糙，所以會再施以上膠或拋磨處理以求佩戴舒適。而真正的金珊瑚數量稀少，顏色又偏質樸色調，所以當今珠寶市場上以前述經過處理的黑珊瑚而成的閃亮「金珊瑚」是目前很好的選擇。

TIPS

21.黃玉是玉嗎？

　　早期珠寶相關書籍裡寫的「黃玉」指的是黃色的拓帕石（Yellow Topaz）。石之美者皆稱玉，因此只要是美麗的石頭都被稱之為「玉」。現在直接以「Topaz」音譯的拓帕石稱之，就不會混淆了。

鐵鈣鋁榴石
Hessonite; Grossularite Garnet

鐵鈣鋁榴石

鈣鋁榴石分兩個種類，一種是綠色的鉻釩鈣鋁榴石（沙弗石），另一種是橘褐色的鐵鈣鋁榴石（Hessonite）。

褐黃到橙紅色外觀的鐵鈣鋁榴石由鐵和錳致色，因此有「金黃榴石」和「桂榴石」（Cinnamon stone）的俗稱。鐵鈣鋁榴石的內含物有著蜜糖或是酒溶在水裡狀似波浪漩渦的熱浪效應，使得它有著看起來油油亮亮的獨特外觀，這樣的特性成為寶石收藏家們收藏的特點之一。

大部分不同種類的柘榴石產量穩定且不虞匱乏，售價又不

蜜糖狀的熱浪效應

是太昂貴，再加上本身具有高折射率和飽滿顏色的優勢，不僅曾經是歐洲貴族的首選寶石石材，現今更因為價格優勢而能夠和各種貴重寶石相抗衡，成為重要的替代寶石。一些塊度大或顏色美的枆榴石數量不多，一直是收藏家追尋的寶石種類。

　　鈣鋁榴石大多來自斯里蘭卡、巴基斯坦、巴西、坦桑尼亞等的沙弗石礦區。

22 是不是會浮在鹽水上的就是天然琥珀？

　　因為飽和食鹽水（鹽在水裡化不開了）的比重是高於琥珀（1.08）的比重，所以比重比較輕的琥珀會浮在飽和食鹽水之上。通常這一測試方式可以輕易地分辨琥珀和塑膠類仿製品，但是像聚苯乙烯這樣密度低於鹽水的仿製品，同樣也能浮在飽和食鹽水上面。所以沉於飽和食鹽水的可以先判定不是琥珀，而能浮在鹽水上的，就不見得都是天然的琥珀，需要再做進一步的檢測。另外要注意的是，琥珀可能因昆蟲樹枝等內含物而影響了比重。

馬來亞榴石
Malaia Garnet

馬來亞榴石

馬來亞榴石並不是產自於馬來西亞的榴石；在複雜的榴石家族中算是一個混血種，它的化學成分是結合了鎂鋁榴石（Pyrope）和錳鋁榴石（Spessartite）這兩種榴石。顏色從淡到深的橙紅、紅橙到黃橙皆有。

除了馬來亞榴石之外，還有另外一個混合鎂鋁和錳鋁榴石稱為「變色榴石」的特別品種，變色榴石在不同的光源之下顏色會有不同的展現，在日光下呈現藍綠色，在黃光源下呈現紫紅色，通常體色比較淡的，變色現象比較不顯著，顏色的變化則是在淡粉紅色～橙紅色到灰粉紅色之間變化。

主要產地位於坦尚尼亞和馬達加斯加的馬來亞榴石（Malaya，或拼為Malaia），據說有「部族以外」的意思，也有人以發現地「翁巴」Umba礦山（Umbarite）來命名。

TIPS

23.藍曜石是天然玻璃嗎？

在火山熔岩中會出現天然的玻璃，稱為黑曜石或玄武玻璃。黑曜石可呈黑、灰、綠褐及紅色色彩，玄武玻璃多帶綠色、柔和藍綠色彩，皆為半透明到不透明。市面上常見或深或淺的透明藍曜石是人造的玻璃，主要化學成分是二氧化矽，加入鐵、鈷或鎳等金屬或金屬氧化物成分，人工製作成藍色、深紫等色彩，有時也見白色結晶花，相當好看。

帕帕拉夏藍寶石
Padparadscha

帕帕拉夏

「Padparadscha」在產地斯里蘭卡使用語言裡是「蓮花」的意思。蓮花因為它那柔情嬌嫩的美所以被引用為寶石的名稱，可以想見這寶石顏色之美是多麼地讓人印象深刻。剛玉家族裡除了紅寶石以及稱為藍寶石的藍色剛玉之外，只有這個似粉還橘的特別品種有它自己的專有名稱「Padparadscha」。

帕帕拉夏藍寶石常讓鑑定師在判斷顏色上傷腦筋，由於顏色範圍很窄，色調和色度的濃淡又要恰到好處才有資格被歸屬於這種粉橙色的藍寶石。除了斯里蘭卡外，非洲等地也產出這種寶石，不過因為整體顏色色度略顯不同，有人堅持只有斯里蘭卡

（Nico珠寶提供）

093

產的才能稱作帕帕拉夏藍寶石。

　　2005年市場上出現許多色彩豔麗的各種藍寶石（或稱各色剛玉），是經過新的鈹擴散處理技術改造的剛玉。這些經過優化處理的剛玉，其顏色之雷同也常讓專家看走眼。近來由於鈹擴散的剛玉色澤美豔，在價格上更具競爭力，市場上普遍的接受性也越來越高，雖說如此，店家還是一定要善盡告知消費者的義務才行。

TIPS

24.綠寶指的是什麼寶石？

　　通常一般消費者認知的綠寶是指「祖母綠」，因為綠色寶石裡最具知名度的首推祖母綠了。許多的有色寶石都有綠色的分類，有的擁有自己的專有名詞，像是祖母綠（Emerald）就是綠柱石裡綠色的分類，有的並沒有自己的專有名詞。綠寶可以泛指一切綠色的寶石，可以是綠色剛玉、綠色碧璽、綠水晶等等，在陳述寶石名稱時還是將寶石的種類名稱指出，在溝通上才不會產生誤解。

方柱石
Scapolite

方柱石（吳照明提供）

方柱石在珠寶市場上並不常見，也鮮少有人選用它做成珠寶首飾，然而它可是讓學鑑定的人得特別留意的寶石。因為方柱石的顏色範圍從無色、紫色、藍色、黃色到粉紅色都有，其中像是海水藍一般的藍色方柱石就有人以商業名「海藍柱石」來稱呼。

方柱石的物理、光學性質及顏色都和水晶、菫青石或是綠柱石十分接近，鑑定的初學者容易將方柱石和這些性質相類似的寶石混淆不清。無色和黃色的方柱石在紫外線燈光照射下會呈現出粉橙色的螢光反應，紫色方柱石則有比較低的折光率，方柱石是負單軸晶寶石等等特性，只要經過仔細的基本鑑定測量還是能夠清楚的鑑別。另外粉紅色或紫色的方柱石也會因為有平行排列細長的針狀內含物而形成貓睛光現象的方柱石。

結晶的晶形常呈現稜柱形，所以中文或英文皆以外形來稱它為方柱Scapo + 石lite，寶石級的方柱石產於緬甸、肯亞、馬達加斯加、莫三比克和中國等地。

TIPS

25.天珠是不是寶石？

　　天珠就是我們熟知的石髓（又稱玉髓），以物種來說是寶石的一種。現今市場上認知的天珠（有人強調西藏天珠），基本材質選自隱晶質的瑪瑙或玉髓塊，施以工藝製作的技術使之產生眼線圖型，所以可視天珠為藝術加工的寶石作品。在歐美市場也常見以熱處理加工的方式改變瑪瑙成為藍、綠、紅、黑、白各種顏色製作成工藝品。只是通常消費者購買天珠，並不是買石髓這個寶石物種，而是購買天珠內藏的神祕主義，多是為了求財情順或身體健康。

壽山石
Shou-shan stone

壽山石（吳崇剛提供）

中國的四大印石產自壽山、青田、昌化、巴林，石上的紋路宛若中國山水畫，石材溫潤的質地則有如中國人溫文儒雅的性格。

福建省福州市北邊郊區大約四十公里處，有個名為「壽山」的山區村落，壽山石就分佈在那重重的山巒間，被發現至今已有一千五百年的歷史，明朝以後大量用於印材雕刻，是雕刻圖章的重要石材，所以在中國有「圖章石」之稱。

壽山石是以地開石為主的一種礦物集合體，所以主要的成分包括地開石、葉臘石、高嶺土、伊利石、滑石、石英、絹雲母等礦物。種類繁多的壽山石被分成三大類，六十幾個品種；三個大類分別是以產地為名的「田坑」、以色相為名的「水坑」以及以坑洞為名的「山坑」。

田坑石指的是水田裡面翻掘產出的壽山石，其中以黃色的品種最為稀少珍貴，稱為「田黃石」簡稱田

黃。清代民間流傳著「一兩田黃三兩金」，不論質地、體色、硬度皆適合雕琢，其中質地似凍者稱「田黃凍」為玉石之首。水坑石產於溪頭支流水源處，礦坑在溪流之下所以得名「水坑」，由於產於地底水中與水共處，會有一種「晶」、「凍」半透明感的質地。山坑石則是指產地分佈在山中坑洞之石，顏色及透明度比田坑和水坑石差一些。

壽山石會有像蘿蔔纖維的「蘿蔔紋」、「格紋紅筋」、「石皮」、「顏色漸層」、「外濃內淡」等外觀特徵，但又依各個品種的不同，硬度、顏色、紋路質地等皆有異，而有荔枝凍、芙蓉、砷砂、水晶凍、二彩黃等美麗的形容詞形容各種獨具特色的品種。

經過加熱優化處理過後的壽山石顏色會變得均勻、光澤增加或顏色只產生在表面，並且質地因加熱變得脆弱一些。染色處理過後的壽山石則顏色顯得不均勻、不自然，裂縫有色素集中沉澱的現象。

TIPS

26.玉為什麼會越戴越黃？

玉石裡的黃褐色通常是一些氧化鐵物質，因為空氣當中存在著水氣，人的身上有油脂、酸鹼物質，因為氧化作用，這些都會使玉的黃色顯得更黃。另一種可能則是因為玉石翡翠是B貨，灌進玉石裡的膠狀物質（如環氧樹脂）因為老化而漸漸變黃。

錳鋁榴石
Spessartite garnet

錳鋁榴石

許多寶石都有一些特別的俗稱，但是像錳鋁榴石這樣以國家為名的寶石就更為特別了，市場上稱為「荷蘭石〉（Hollandite）的就是錳鋁榴石。

錳鋁榴石的英文名稱「Spessartite」是以德國巴伐利亞的斯佩薩特地區（Spessart）來命名。除了俗稱「荷蘭石」外，又被稱為『曼陀鈴石』（中國榴石；Mandarin garnet）。因為錳元素取代了鐵元素讓寶石的體色一定帶有橙色，放大觀察下還常會發現有不規則的液體狀內含物或二相內含物。

無論是荷蘭石或曼陀鈴石，都是取自其顏色來形容錳鋁榴石。十六世紀歐洲的奧倫治威廉大公（Williem van Oranje，荷蘭文的「Oranje」就是英文的「Orange」）是荷蘭獨立運動的領導人，民眾為了紀念他，於是將橘色放入荷蘭的國旗，使得荷蘭國旗為橘、白、藍三色。雖然到了1937年後荷蘭的國旗正式改為紅白藍三色，但是在各種比賽中荷蘭人仍

然穿著橘色的衣服和橘色的旗子，用來表示自己是代表荷蘭。而曼陀鈴石的英文「Mandarin garnet」是取自「Mandarin Orange」（中國柑橘），就是形容如橘子般黃澄澄的感覺。

錳鋁榴石的產地很廣，巴西、斯里蘭卡、澳洲、緬甸、印度、以色列、馬達加斯加和美國都出產。

（伯爵珠寶提供）

TIPS

27.土耳其石是因為產自土耳其而得名的嗎？

英法文名稱「Turquoise」，音譯為土耳其石，在中國又稱綠松石。雖名為土耳其石，但並不產於土耳其，伊朗是最佳品質的產地。以往土耳其石是透過古絲路的起訖點「土耳其」運送至歐洲各國而得名。

拓帕石
Topaz

拓帕石

蔚藍天空般的藍色拓帕石（Topaz）和湛藍海水般的海水藍寶石（Aquamarine），海天一色可真是讓人難分難辨。珠寶市場上的藍色拓帕石大部分是經過人工輻照處理形成藍色，是市場上一般消費者對拓帕石的第一認知，然而真正代表拓帕石的品種卻有個十分霸氣的名字，稱為「帝王拓帕石」（Imperial Topaz）。

拓帕石的英文名字「Topaz」是源自於希臘文「Topazios」，帝王拓帕石代表的顏色範圍有紅橙、黃及褐色，其中濃郁的紅橙色是最昂貴的品種，而且無需像粉紅或藍色拓帕石需要熱處理或輻照處理。現今優質的帝王拓帕石多產自巴西的敏納斯吉拉伊斯的Ouro Preto地區。

拓帕石是屬於斜方晶系，有一項特性就是它具有一個平行於晶柱基底的完全劈裂方向，在強大外力撞擊時恐易造成斷裂，所以珠寶設計的方式常以保護式的包鑲座台鑲嵌。拓帕石對熱較敏感，要避免長期曝

晒於強光之下而造成顏色的淡化，以及避
免用超音波清洗而造成破裂的危險。

TIPS

28.翡翠和玉有什麼不同？

在臺灣翡翠的定義是透明度高的上好品
質綠色硬玉，在中國大陸無論品質好壞，只要
是硬玉就都叫作翡翠。另外一種區別的說法是
將玉石粗分為硬玉及軟玉兩大類，翡翠是硬玉
（Jadeite），和闐玉或臺灣玉的閃石則是歸屬在
軟玉（Nephrite）。

（Nico珠寶提供）

黃色剛玉（黃寶）
Yellow Sapphire

黃寶

剛玉的價格之所以屹立不搖，就是因為它不一樣的亮光，黃寶石的高折光率再加上好的切磨比例能呈現出比其他大多數黃色寶石更強的亮光。黃色剛玉（Yellow Sapphire）或稱黃寶，即使不如紅寶、藍寶那般名氣大的褶褶生豔，它那黃橙―橙―紅橙色調以及不同的濃度比起其他黃色寶石，像是帝王拓帕石、

加熱處理過黃寶，顏色較深

黃水晶等多了份明亮和微微螢光的美感。我們常用杏桃、橘子、萊姆等水果系列來形容黃寶，更加讓人感受到那份甜美的呈現。

熱處理可以讓黃橙色調的黃寶石變得濃度更佳或是顯得更明亮，成為更受消費者喜愛的色彩濃度和亮度。不過自從市場上出現鈹擴散處理的剛玉寶石後，讓消費者在挑選時得特別留心選擇。

　　凡是生產紅、藍寶石剛玉的地方就有其他各色剛玉的礦藏，不同微量元素的比例組合成就了繽紛色彩的剛玉。斯里蘭卡是數百年來的知名產地，非洲大陸坦尚尼亞、肯亞、衣索匹亞到馬達加斯加皆含有豐富的剛玉蘊藏；另外紅寶石主要產出地緬甸、越南、泰國或澳洲等也能見到黃寶的身影。

（伯竇珠寶提供）

TIPS

29.什麼是熱處理藍寶石？

　　熱處理是一種改變寶石顏色的優化處理，和二度燒不同的是熱處理寶石本身就有微量的致色元素，只是透過加熱使致色元素（藍寶石的致色元素是鈦和鐵）產生氧化或還原作用以改變寶石原來的顏色，經過熱處理改變顏色的寶石其顏色不會再變回來，所以普遍被接受。熱處理普遍被用在改變各種寶石的顏色、透明度及現象（如：星石的星光芒）。

chapter 3

綠色寶石

陽起石
Actinolite

陽起石

陽起石常和蛇紋石、滑石、石棉等礦物共生，在中國山東省濟南市（古稱齊州）陽起山被發現而得名。我們所謂的臺灣玉或稱軟玉（Nephrite），就是由中含鎂透閃石和含鐵陽起石礦物交錯生長以不同比例組合而成的固溶體結構礦物。

臺灣閃玉的產量居世界之冠，商業名稱為「臺灣貓眼玉」或稱「貓眼閃玉」的陽起石貓眼（Actinolite Cat's-eye），其礦物呈纖維狀排列，切磨成凸圓面型再施以打磨拋光處理後，經由光線照射呈現出貓睛光現象；顏色範圍從暗綠、綠、淡黃綠到類似金綠玉貓眼的蜜黃色澤都有，形狀多採用山型的凸圓面切磨來突顯貓睛光現象的效果。

纖維狀質地結構較鬆散的陽起石可作為石棉之用，塊狀結晶佳的陽起石常用來當作擺設的觀賞石，貌似竹葉呈放射狀結晶者被稱為竹葉石。同樣產在花蓮瑞穗含有黑色斑晶的藍閃石片岩，像是山水畫中的竹葉也以竹葉石稱之。陽起石產地多集中在臺灣花蓮豐田、萬榮、瑞穗一帶，另外加拿大、馬達加斯加、坦桑尼亞也有相當的產量。

TIPS

30.玉石雕的圖案是不是越複雜越貴？

　　玉石雕刻的圖紋形制多半是為了除去玉石本身的雜質（裂痕、白花或黑斑雜質），去除雜質的同時，雕工師父常會雕刻一些吉祥、祝福的圖案以滿足消費者心裡討吉祥的需求而達到銷售的目的。雖然有許多雕刻工藝在其中，好的雕工確實是能提升翡翠雕件的價格，但是光面沒有雕刻的翡翠仍是最值錢的。

灑金石英
Aventurine Quartz

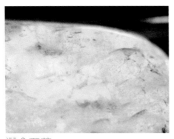
灑金石英

石英岩（Quartzite）中的灑金石英「Aventurine」字根源於義大利文中的「a ventura」，是「by chance」之意，好似意味著在一堆寶石礦物中找到如灑金石英晶亮外觀寶石般的偶然與巧合。

在寶石市場上灑金石英有許多名稱，如砂金石英、東菱玉或東陵玉，產自印度的被稱為印度玉，來自南非的又被叫作南非玉，是因為灑金石英的色澤外觀容易被誤認為翡翠玉石吧！尤其是石英岩也常在硬玉礦床出現，不加以辨識是容易和硬玉混淆。此外也常見被染成綠色或紫色的石英冒充翡翠或紫玉的情形。

半透明到不透明外觀寶石級的灑金石英，不同顏色內含物形成不同顏色外觀，較常見使用在珠寶首飾的是鉻雲母小板所展現出綠色的灑金現象石。另外像針鐵礦形成棕色，赤鐵礦形成橙，還有藍線石內含物造成的藍色灑金石英。

灑金石英主要產地國有印度、美國、智利、巴西、坦尚尼亞及俄羅斯等。

（伯夏珠寶提供）

TIPS

31.是不是GIA的鑑定師才是合格的鑑定師？

GIA是一個珠寶業界公認的教學研究單位，培訓出來的學員對珠寶相關知識有一定的認識與能力，並不是從GIA受過完整訓練課程的學員就是合格的鑑定師。臺灣目前沒有鑑定師認證制度，所以取得GIA相關證照的學員就像是臺大法律系畢業的學生，雖然具備法律相關知識取得畢業文憑，但這只是能力的認可，在未取得律師證照時，無法上法庭辯證是同樣的情形。GIA經營的鑑定所GTL的鑑定師為所開立的鑑定證書簽名背書，所以直屬於GTL鑑定單位且直接從事鑑定工作的人員才可稱為GIA的鑑定師。

綠色碧璽
Chrome Tourmaline

綠色碧璽（大器珠寶提供）

碧璽的化學分子式很複雜，可以同時呈現出來數種顏色是碧璽與其他寶石最大不同所在，以至於其他種類寶石很難和它爭豔。目前除了一直深受消費者歡迎的大紅碧璽（Rubellite）和高價新秀的帕拉伊巴碧璽（Paraiba）是市場的主流外，這裡介紹的是一種綠色碧璽或稱綠色電氣石，業界稱其為「鉻碧璽」（Chrome Tourmaline）。

綠色的綠碧璽大都產自於非洲肯亞和坦尚尼亞，因為含鉻和釩，展現出濃郁的綠色色彩，業界對這類高色度的碧璽稱為「鉻碧璽」。品質好、色度濃且不帶灰、黑色調的綠色鉻碧璽可以媲美沙弗來石，甚至於優質祖母綠。

鉻碧璽

TIPS

32.翡翠為何都封底鑲嵌？

金屬強反光的底座可以襯出透明度高的翡翠玉石的透感與水度。另一原因是大多顏色偏暗綠的翡翠常被施以挖底處理，剩下約1mm左右的厚度，由於太薄容易碎裂，施以灌膠填補增加其堅固耐久性，因此就需要使用封底鑲嵌的技巧以遮蓋膠質部分。

綠玉髓
Chrysoprase

綠玉髓

西方人總是不了解東方人為什麼那樣傾愛翡翠，總覺得和他們的那種金黃色蘋果綠般的寶石—綠玉髓（Chrysoprase）一樣美麗。

　　這個次透明到半透明的綠色石髓有著淺到中濃度的黃綠色，鎳是致色元素。澳洲昆士蘭是近代的重要優質綠玉髓的產地，所以又被稱為澳洲玉（Australian Jade）。

　　綠玉髓在石髓分類中算是價值屬一屬二的寶石，溫潤而不張揚的質感媲美質優的硬玉翡翠，因此深受歐美人士喜愛，可以從羅馬時期就被當成飾品來使用獲得證明。

　　曾經有人以灰色石髓浸泡在鉻、鎳和酸的化合物中，加熱處理後成為綠色的石髓。這種處理過的綠玉髓顏色呈現悶悶的綠或藍綠色，無法像天然的綠玉髓那樣呈現鮮豔的綠色。

33.為什麼鑑定師不幫我估價？

鑑定師是針對被鑑定物質的屬性及品質做出分析報告；估價屬於市場實際交易層面的，兩者是完全不同的領域專業，所以一般鑑定師是不做估價的事，在國外有收費專門做估價工作的估價師。

翠榴石；鈣鐵榴石
Demantoid Garnet;
Andradite Garnet

翠榴石（吳照明提供）

翠榴石是柘榴石家族裡較為珍貴的綠色寶石，因為它鮮豔綠色的外觀又被稱為「濃綠榴石」。翠榴石的色散超過鑽石，從刻面表面散發出強烈的火光，使其綠色看起來更加的鮮豔。英文名字「Demantoid」正是因為它的火光更勝鑽石所以借字取了個和「Diamond」相似的名稱。

翠榴石在柘榴石家族中屬於鈣鐵榴石，由鉻和鐵致色的翠榴石有一個特殊的內含物，呈馬尾形放射狀的礦物纖維內含物是俄羅斯烏拉山區產的翠榴石才有的經典內含物。在切磨時這個特殊的內含物會被保留下來，因此提升價值。另外一個納米比亞產區出產的鈣鐵榴石就缺少了這個獨特的馬尾型內含物。

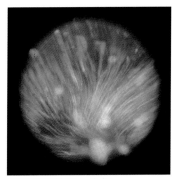

馬尾狀的特徵內含物

　　和帶有釩元素而顏色呈藍綠至黃綠的沙弗來石相較下，翠榴石的顏色範圍從褐綠色到像優質祖母綠的濃綠色都有。由於產量過於稀少致使這一含有鉻元素並且擁有青草般翠綠色的翠榴石未能被大眾知道和喜愛。

　　除了1860年俄羅斯烏拉山區發現翠榴石的礦藏外，納米比亞、義大利、希臘、墨西哥也出產少量的翠榴石。產量稀少的翠榴石是收藏家爭相搜尋的稀有寶石，偶見於國際拍賣會上，價格一直居高不下。

（頂康珠寶提供）

34.什麼是A貨？

　　翡翠的習慣用語A、B、C，指的是翡翠的處理方式類別，A貨是用來形容除了正常切割塑型、拋光外，完全沒有經過任何人為處理以試圖改變玉石本身的顏色或堅固性的玉石。

透輝石
Diopside

透輝石

輝石家族裡有鋰輝石、透輝石、頑火輝石和普通輝石，其中屬鋰輝石和透輝石最亮眼。另外透輝石有星光現象及貓眼現象兩種現象寶石，請參閱「現象石篇」。

透輝石的中文名稱無法讓人有什麼想像力，英文名稱「Diopside」的di（二）+ opsis（外觀），除了表示的是透輝石有明顯的二色性，也或許是因為透輝石裡有兩種特別的類別，錳透輝石（Violaceous）和鉻透輝石（Chrome diopside）。一般來說透輝石的透明度高，顏色主要是無色到淺綠色，容易和橄欖石混淆。被珠寶飾品上取用的寶石級透輝石常被比擬為祖母綠，是含有鉻元素呈現著很濃翠綠色的鉻透輝石。還有一種寶石級黑色不透明具有星光現象的透輝石星石，也十分受到收藏人士的喜愛。

透輝石產在緬甸和斯里蘭卡，鉻透輝石則主要產於南非金伯利鑽石礦區、芬蘭及俄羅斯。

鉻透輝石

TIPS

35.寶石鑑定書是價格保證書嗎?

寶石市場上所謂鑑定書大致分成兩種:一種評鑑鑽石4C品質的鑽石分級報告書,另一種則是寶石鑑定書。無論是前述哪一種,都是對於被鑑定的寶石做出完整的鑑定或品質說明,無法保證被鑑定物質的市場價格。

祖母綠
Emerald

祖母綠

祖母綠是當今五大貴重寶石之一，幾千年來一直被人們珍視熱愛著。被形容成「祕密花園」的它，因為豐富內含物形成敏感脆弱的本質，總是讓人們小心翼翼地呵護著。

祖母綠是綠柱石（beryl）種類裡的一個分類，致色元素是鉻、釩和鐵；色彩是藍綠到綠色的，色度要夠濃夠豔，並且不帶灰黑色調才會被視為祖母綠，不然會被歸類為綠色六柱石，價格差異就會很大。

地層經過一番劇烈的地質變動才能讓致色元素上升到達祖母綠的結晶礦裡。在如此不穩定的變質岩生長環境中成長的祖母綠，正是它的內含物比其他寶石多的主因，但也讓有著濃

（伯爵珠寶提供）

117

郁綠色的祖母綠身價因而不菲。祖母綠天生較多的裂紋導致它的質地比較敏感脆弱，通常設計切磨成角度變化較少的方形桌面，階梯式刻面安排外加四個斜切角，較不易因撞擊而破損，這種外型被稱作是「祖母綠式切割」。

哥倫比亞、印度、尚比亞、巴西和山達瓦那等地為祖母綠的主要商業產地，每個產地都各自有其代表性的特徵和色調，市場上就常直接取用地名，成為強調色澤品質的商業名稱。例如藍綠色的「哥倫比亞祖母綠」就被視為高品質的代稱，其實別的產區一樣能產出同樣品質的祖母綠。內含物是判斷祖母綠產地時很重要的依據，其豐富的內含物有裂紋、指紋狀物、管針狀物和特別形狀的二相和三相內含物。

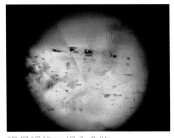

祖母綠的二相內含物

「有價就有假」是在珠寶業界裡常聽到的一句話。祖母綠的價格高，而且又由於淨度較差的特性，因此常見許多處理的方法應用在祖母綠。最常見而且被珠寶業界接受的是「浸油處理」，將祖母綠浸泡在各種不同的油裡，以降低裂縫的可見度。隨著時間推移浸泡於祖母綠裡的油會有乾涸的現象，可重複使用相同的方法來修復。另外也有用樹脂類、玻璃或綠色油等物質進行充填，這類處理就不被接受而視為染色或充填處理祖母綠了。

合成祖母綠是以模擬大自然形成環境的水熱法和助熔法進行培養，內裡常見未溶解完成狀似天然指紋狀內

（伯夐珠寶提供）

含物的助熔劑內含物。在臺灣的珠寶市場中少見祖母綠的仿品或合成品，應該是因為臺灣人的綠色寶石首選是翡翠，西方人的首選則是祖母綠，這是為什麼西方珠寶店裡常見合成祖母綠的販售。

祖母綠是五月生日石，象徵幸福好運。祖母綠比起別的寶石更顯嬌貴，所以避免放入超音波洗淨機裡清潔，以中性肥皂水輕輕刷洗最安全。

■綠柱石

綠柱石（亦稱為綠色六柱石）種類裡名氣最大的就是祖母綠，怎麼還有個綠色的綠柱石呢？原來綠柱石和祖母綠主要以兩者色調和色彩濃淡程度的差異性來做區別。

綠柱石的特色是它的綠由鐵元素致色，這和由鉻或釩元素致色的祖母綠不同。而且綠柱石的結晶環境和祖母綠的變質岩不同，屬於偉晶岩的地質環境其結晶塊度較大，而且內含物較少，不需經過人工處理，就能有十分美麗的淡綠、藍綠、黃綠色。相較於一些品質不夠好的祖母綠，其實綠柱石在顏色、淨度以及價格等條件上反而能展現其優勢。

（伯寰珠寶提供）

119

巴西是綠柱石的主要產地，其他還有澳洲、津巴布威。

（伯爵珠寶提供）

TIPS

36.老坑翡翠是不是比較老？

　　老坑翡翠是翡翠品種類別，一般而言被稱作是老坑種翡翠的條件是顏色要正、濃、勻，如果再加以透明度高的話就價值不菲了。老坑品種在品質上的定義是質地細緻、結晶顆粒小、透明度高（珠寶業者口中宣稱的水頭好）。

　　以地質學角度來分可分成老坑、新坑兩種品種，它們形成的地質時代是相同的，新坑屬原生礦，老坑屬次生礦。以生成礦脈定義而言是次生礦（經過風吹雨打、河流沖刷等地質作用），又有此一說是因為老坑翡翠是比較早開採出來的所以叫做老坑。

水鈣鋁榴石
Hydrogrossular Garnet

水鈣鋁榴石

貌似黃翡的水鈣鋁榴石

如果要票選翡翠的變裝模仿秀第一名，我會投水鈣鋁榴石一票。主要產於非洲的水鈣鋁榴石，因為外表和玉的相似度高，珠寶業界給它起了個「非洲玉」的商業俗稱。

水鈣鋁榴石是柘榴石家族中的一員，顏色從綠、藍綠、紅、白、黃到灰色都有，外觀多是半透明到不透明。寶石級以綠和粉紅色為主，綠色水鈣鋁榴石常見黑色鉻鐵礦內含物，這些黑色斑點內含物是它的重要特徵之一。

水鈣鋁榴石多變和多色的外觀，再加上水頭足、色澤佳，在某些切磨的角度容易和翡翠、黃色翡翠（黃翡）、綠色軟玉等混淆，用肉眼很容易誤判，尤其在燈光不足的環境下更會看走眼。

TIPS

37.方晶鋯石和鋯石有什麼不同？

　　方晶鋯石（Cubic Zirconium）是蘇聯鑽、晶鑽、合成二氧化鋯石的另外一個俗稱，是人為培育的。鋯石（Zircon）是一種天然的寶石，化學成分為矽酸鋯（Zirconium Silicate），與上述的合成二氧化鋯是不同的物質。鋯石也就是市場上大家以口語稱之的「風信子石」。

符山石
Idocrase

符山石晶體（吳崇剛提供）

符山石刻面（吳崇剛提供）

被發現於義大利維蘇威火山（the volcano, Mt Vesuvius）附近的符山石，礦名就叫作「Vesuvianite」。聚成岩材質的符山石容易和硬玉、水鈣鋁榴石等混淆，而透明晶體的外觀則和橄欖石、透輝石、綠簾石等寶石相似。

在臺灣的市面上並不多見符山石，也很少被珠寶市場取用。玻璃光澤的符山石，從透明的單晶晶體到塊狀結構不透明的聚成岩材質都有。巴基斯坦出產含有鉻元素的綠色透明符山石，挪威出產含有銅的藍色符山石，產於美國加州且顏色呈現綠色～黃綠色，質地如軟玉般細膩的符山石，被稱為「加州玉」。

38.玉的綠色會越戴越綠是真的嗎？

　　許多人都有這樣的經驗，覺得自身佩戴的玉會越戴越綠。在科學上玉石的綠色是不會越戴越綠的，有可能是因為玉和翡翠是由許多細小的隱晶質集合起來的聚成岩，這樣的結晶體之間含有極微小的細縫，而人體有酸鹼及油脂，這些物質進入玉石有加深綠色色調的情形發生，導致佩戴者覺得綠色會越戴越綠。

（寶格麗珠寶提供）

翡翠（硬玉）
Jadeite Jade、Fei Cui

翡翠

長久以來只有東方人才懂得欣賞翡翠獨特的美與魅！隨著東西交流日益頻繁，如今西方國家的朋友們也開始領略這種如詩畫一般柔美意境的東方瑰寶，這樣的趨勢可從世界各大名牌珠寶公司紛紛推出以翡翠為主石的精品試圖抓緊亞洲市場窺見一斑。

硬玉是多晶質的石頭，使得它的本質和外表呈現多樣的風格，而品質達到了一定的商業審美標準，才夠得上稱之為「翡翠」，不過各地認定標準不一，有的皆稱硬玉，有的通稱翡翠。

有人稱紅色的玉為「翡」，綠色的玉為「翠」，為硬玉起了翡翠的名字。翡翠原來是一種鳥名，是生長在溪水邊的釣魚翁，這種鳥的羽毛非常美麗，在古代早已用來做成飾物「點翠」。然而也有另一個典故，當年在商道上隨手撿來平衡驢馬載貨重量的石頭，大家以為並非翠玉的「非翠」，沒想到在切磨之後才發現是大地塊寶的「翡翠」。

翡翠開採的時間至今大約有六百多年的歷史，是在明朝時傳入中國，明清兩代翡翠工藝品在中國開始

（頂康珠寶提供）

（頂康珠寶提供）

流行。從雲南永昌、騰衝至緬甸克欽邦的密支那一線是寶石貿易的商路，因此有「玉石路」、「寶井路」之稱，騰衝也因此被稱為翡翠城。

西方學者德穆爾根據翡翠的化學成分及物理性質以及和闐玉與翡翠兩者硬度不同而將和闐玉定義為「Nephrite」，翡翠為「Jadeite」，後來的人就沿用他的分類定名。在亞洲翻譯定名為軟玉和硬玉，但是實際上這兩者的硬度可說是不相上下，因此有人建議以礦物名的閃石和輝石來區分。硬度6.5~7的硬玉翡翠，它的毛氈狀纖維結構使其有著比鑽石還要好很多的韌性，即使碰到強烈的撞擊也能免於破損。

依照市場慣例沿用翡翠A、B、C分類已經行之有年，就連國際開立的證書上都會加註東方的A、B、C分類方式。

1.A貨（authentic）：一般公認的天然翡翠其淨化的步驟為：浸灰水─過酸梅水─浸臘（燉臘）─拋磨。

2.B貨（bleach）：在鑑定書上雖然大部分仍寫著是天然翡翠，但一定要加以註明是經過處理；處理方式是以強酸去髒並加以漂白，因此結構明顯受到破壞腐蝕，通常再加以環氧樹脂填充進玉

石空隙中用來固
化鬆散掉的結
構，俗稱「上
膠」。

B貨裂紋

3.C貨（dyed Jade-
ite）：質地為翡
翠硬玉，但顏色
是以人工方式染
進去晶格細縫，使整體呈現改色後的體色。

4.B+C貨：B處理過的翡翠硬玉再加以C的染色，所以
稱為B+C；也有人用D貨（defect）來表示。

■翡翠ABC，還有個2C和2T

選鑽石要看4C，不過選翡翠不像鑽石有較明確的
分級標準可配合著國際報價表來參考，都說上好翡翠
是色好、種好，色要翠綠，「濃、正、勻、陽」成為
口訣，種是要老坑玻璃種，水頭才會最好；不過翡翠
從顏色質地車工到淨度，整體要考量的範圍更多，再
加上藝術感的評鑑在其中而更加微妙，不過仍可以注
意它的2C2T，來作為選購翡翠時觀察的重點。

2C指：

C－Clarity（淨度）

市場名稱「底」：細縫、白棉、黑點、黑絲、灰
點灰絲、冰渣或甘蔗渣狀等內含物。

C－Color（顏色）

市場名稱「色」：翡翠硬玉顏色範圍大，從純正

（頂康珠寶提供）

（頂康珠寶提供）

綠色包括從純透白色、純透黑色、深正綠色、翠綠色、蘋果綠、黃秧綠色、油青綠到豔紅色、豔黃色、紫羅蘭色、灰藍色等，紅到紫，深到淺都有。

2T指：

T－Transparency（透明度）

市場名稱「水頭」：指的是其透明度，幾乎透明的玻璃地（種）、次透明的冰地（種）、半透明的冬瓜地等、次半透明的糯米地等到不透明的豆地等。當然要注意寶石的厚度會影響其透明度的。

T－Texture（質地）

市場名稱「種地」：以質地的細密度來看，一般以老坑（種）來表示翡翠的質地結構細膩致密、新老坑（種）結構普通致密以及新坑（種）結構較鬆，粒度大小分明來評鑑。

TIPS

39.為什麼鑽石的分級顏色是從D開始？

　　有兩種說法，一種說法是因為鑽石英文字「Diamond」的第一個字母是D；另一說法則是在尚無這一套普遍被採用的分級系統之前，珠寶從業人員就普遍沿用英文字母A、B、C做分級，為避免重複混淆，具代表性的鑑定單位GIA率先採用D開始的這個鑽石成色的字母評定方法，同時也被大多數國際鑑定實驗室採用「D」代表最高級別以表明鑽石「無色」，所以用D作為成色分級的最高等級。

孔雀石
Malachite

孔雀石因為特有深淺不一的綠色同心圓紋路，宛若孔雀開屏尾端羽毛的圖紋而得名。英文的「Malachite」是從希臘的一種錦葵科植物的名稱而來。孔雀石常伴生於銅礦礦床之中，由很細小呈放射

孔雀石

狀的針狀結晶物集合而成，最常見的外型是葡萄球狀的外觀，表面或橫切面會浮現典型的綠色花紋。

產量豐富的孔雀石自古就被製成顏料來運用，同時也是珍貴的建築材料，皇室或是教堂廟宇常見其蹤跡，著名的有俄羅斯聖彼得堡的聖依薩大教堂和凱薩琳二世的宮殿就取用孔雀石為宮殿建材和裝飾物。

孔雀石因為是含水碳酸銅，所以接觸鹽酸會有冒泡的反應。另外孔雀石和藍銅礦結合在一起的礦石叫作藍孔雀石（Azurmalachite），不僅是別致的裝飾材質，也被當作是一種鮮豔藍色顏料的基底。

孔雀石因為硬度低，所以多切磨成圓珠，少見用於高級珠寶上，此外孔雀石的含銅量高，在把玩此種寶石後記得要洗手後才能拿東西吃。主要產地包括有俄羅斯烏拉山脈、美國、澳洲和非洲等地，中國的湖北省與廣東省也有產出。臺灣的金瓜石、九份和臺灣東部的南澳與東澳附近也出產孔雀石。

TIPS

40.B貨是假的玉嗎？

　　B貨指的是經過褪酸或褪酸加上灌膠處理的玉石，如果只施以褪酸處理的被稱作小B，褪酸加上灌膠處裡的被稱作為大B。褪酸的目的是除去玉石裡的雜質，讓白的部分更白，綠色的部分顯得更綠；灌膠處理則是將膠質注入到經過褪酸處理的玉石裡，其目的在加強玉石的結構。所以B貨不是假的玉，但卻是經過人為處理改變玉石質地與外觀的玉。

天然玻璃
Natural Glass

天然玻璃

　　天然玻璃和人造玻璃在化學成分和物理特性上有許多共同的地方，主要的不同是生成手段。天然玻璃是在自然的條件下火山噴出的熔岩，急速冷卻時還來不及結晶成形的非晶質物體，主要的化學成分是二氧化矽。天然玻璃又被分為隕石玻璃及火山玻璃，而火山玻璃中又分黑曜岩及玄武玻璃。

1.隕石玻璃（telktite）

　　又稱玻隕石、玻璃隕石、熔融石、雷公墨、摩達維石（moldavite）或莫爾道玻隕石。隕石玻璃顧名思義是隕石來到地球時所形成的玻璃，有可能是帶有石英質的隕石墜入大氣層時高溫燃燒後產生，或是撞擊地球時讓岩石熔化冷卻後形成。隕石玻璃名稱甚多，依發現的地區不同通常給予不同的名稱，最耳熟能詳的屬捷克斯拉夫摩達維亞（Moldavia）地區的摩達維石（又稱捷克隕石）。

　　摩達維石也會因為發現的地方不同，顏色從黃綠色到灰綠色不等，和其他玻璃的成分相同，主要為含鈉、鉀的二氧化矽，表面呈熔蝕和侵蝕狀的凹坑、皺紋，內部常見拉長形氣泡內含物。

MAP

2.黑曜岩（Obsidian）

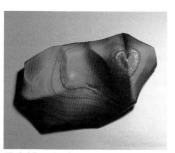
暈彩綠曜岩（淳貿水晶提供）

黑曜岩中常見的分類有暈彩黑曜岩（Sheen obsidian；彩虹黑曜岩）、雪花黑曜岩（snowflake）及綠曜岩（Green obsidian）。暈彩黑曜岩因為內部含有許多微細的斑晶或雛晶，反光後會形成綠色、紅色、紫色、藍色、銀色等的光暈。如果取一個適當的角度切磨出一個凹槽，還會顯現出心心相印的五彩圖示。而又被稱作菊花黑曜岩的雪花黑曜岩，得名於黑色體色上隨機布滿了一朵朵的白色石英結晶，猶如雪花片片飄落在上。還有一種產量不多的綠色黑曜岩也常被取用於珠寶飾品上。

人們常相信來自外太空的石頭特別具有能量，除了購買寶石本身之外也購買其特有的能量，然而一般消費者辨識天然和人工的玻璃並不容易，一旦經過切磨後的寶石就無法觀察其表皮外觀，所以選購時要小心謹慎。

摩達維石（淳貿水晶提供）

TIPS

41.晶鑽是哪一國產的？

晶鑽是某購物台替合成二氧化鋯石（蘇聯鑽）創造出來的另外一個商業俗稱。無論是眾所周知的蘇聯鑽、方晶鋯石或是晶鑽，其實它們的本尊都是同一種東西——「合成二氧化鋯石」。

軟玉
Nephrite

臺灣玉

石之美者皆稱「玉」，它溫潤的質感讓古代文人以此大地瑰寶譬喻為美德貴者，「言念君子，溫其如玉，故君子貴之也」。玉石正是對人文內涵品德提升的一種具體意識表現。

十九世紀中期法國礦物學家德穆爾對和闐玉和翡翠進行礦物的化學和物理性質分析時將玉分出「Nephrite」和「Jadeite」兩種，後來中文就以軟玉和硬玉來區別了。在礦物學上硬度6.5-7的翡翠為硬玉（Jadeite Jade；輝玉）歸屬於輝石類；礦物學上硬度6-6.5的為軟玉（Nephrite；閃玉）。由於軟和硬的名稱，常會讓人誤以為軟玉很軟而硬玉就很硬，所以曾有人提議要訂名為輝玉和閃玉。

軟玉色澤質樸美麗，其毛毯狀的交織結構讓它成為所有寶玉石中韌度最高者，所以像紐西蘭毛利族的武器就是以軟玉為主要材料。軟玉從白、黃、紅、褐、綠、灰到黑色皆有，按顏色分類成青玉、青白玉、墨玉、青花玉、碧玉、黃玉、糖玉和白玉等，白玉中品質最好者呈羊脂白色，就被稱為「羊脂玉」，

新疆的和闐羊脂白玉就享有盛名。

軟玉的產地遍布在世界各地，加拿大盛產優質的綠色軟玉，其他還有紐西蘭、俄羅斯、臺灣和美國等產地，而中國新疆地區產的白色軟玉普遍最受喜愛，近年來中國經濟起飛，和闐白玉的產量供不應求，價格隨之水漲船高。

臺灣玉是透閃石和陽起石等礦物的交錯生長的軟玉種類，多呈帶黃的綠色。六〇年代在豐田礦區河床內發現，後經礦物局訂名為臺灣閃玉，曾經大量開採製作出各種的玉器飾品，是世界第一的閃玉產量地，為國家賺取了大量外匯。閃玉產地多集中在臺灣花蓮豐田、萬榮、瑞穗一帶，另外加拿大、澳洲及中國等地也具有相當的產量。

臺灣貓眼玉

白玉

TIPS

42.黃龍玉是什麼玉？

數年前，於雲南省龍陵縣發現了一種具有田黃般的顏色、硬玉質地般的寶玉石，由於產在龍陵縣而其又以黃色調為主色，因此在市場上被稱為「黃龍玉」。經過化學成份的檢測及寶石學的分析，鑑定出是屬於石英家族裡的玉髓，同時也含有石英岩的分佈，外觀顏色主要從白、黃至橙紅。宛如黃色翡翠的質地，又像那田黃石的色澤，尤其在中國市場，甫一上市就受到矚目，應用範圍包括雕件、印材、手環到珠寶首飾等。

橄欖石
Peridot

橄欖石

荷葉（lily pads）內含物

八月生日石橄欖石的價格或許不是那麼昂貴，但卻常是名貴珠寶店裡的座上賓。在古代橄欖石常和祖母綠混淆在一起被認為是同一種綠寶石，因此橄欖石有著「夜間祖母綠」（Emerald of the evening）的俗稱。學名「Peridot」、英文俗稱「Olivine」的橄欖石名符其實地有著橄欖樹果實般略帶微黃的美麗綠色。

橄欖石是少數僅有一種顏色的寶石之一，鐵是致色元素。一般來說橄欖石的淨度都很好，體色越濃品質就越高，偶爾能見到專屬的一種內含物，鉻鐵礦晶體誘發出來狀似荷葉的雲母片，稱為「荷葉」（lily pads）。橄欖石的另外一個特徵是折射率差比一般寶石大，放大觀察之下可以直接從刻面寶石觀察到明顯的刻面稜線的重影效果。

（伯貟珠寶提供）

137

塊度從1-25克拉的橄欖石適合作為強調設計感的大顆珠寶飾品，較小顆的特定尺寸又是平價量產飾品的天然綠色寶石首選。然而橄欖石的硬度是6.5-7，屬於較軟的寶石，在佩戴時避免大力的碰撞或摩擦，強力的清潔劑也容易損傷腐蝕它，最好的清潔法就以溫水和肥皂即可。

優質而且大顆的橄欖石產地包括緬甸和巴基斯坦，飾品級的產品則多來自美國亞歷桑那州以及中國。

（Nico珠寶提供）

TIPS

43.某購物台裡聲稱的莫桑石是「來自外太空的隕石，比鑽石還要稀少珍貴」是事實嗎？

你總是會聽到購物台裡銷售一種叫作莫桑石的東西，聲稱這是來自於外太空的隕石，十分珍貴稀少……云云。事實上，「Synthetic Moissanite」的化學元素是碳和矽，所以學名就叫作「合成碳矽石」，為紀念十九世紀第一位做出合成碳矽石的諾貝爾獎得主亨利・莫依桑博士而命名。珠寶市場的另一個俗稱是魔星鑽，近年來由美國C3公司製造，在臺灣以JOALAN喬愛倫莫桑珠寶品牌定位行銷。

綠水晶
Prasiolite

綠水晶

從介紹黃水晶的專文提到的資料中得知，大部分的黃水晶是從紫水晶加熱而來的。紫水晶可真是給予「熱」情就能產生多種面貌的寶石。有一種在市面上頗受喜愛的「綠水晶」也是從紫水晶變身而來的，因為天然的綠水晶是十分稀少的！

這個透明的綠色水晶的綠色並不是石英岩中含有鉻雲母小板而形成東菱石的綠色色調。由水晶聖地巴西Montezuma礦區產出的石英透過加熱達到攝氏300～500℃後使鐵產生氧化作用就會從紫色轉為無色、黃色或是綠色，這樣的綠色石英──綠水晶，英文被

（寶格麗珠寶提供）

稱為「green amethyst」,「amegreen」或「vermarine」。

　　另外市面上也出現以輻照致色的綠水晶，但這類綠色石英容易因受熱或是陽光曝晒而褪色。

（唯你珠寶提供）

TIPS

44.什麼是綠龍晶？

　　綠龍晶屬斜綠泥石（Seraphinite（Clinochlore）），產自西伯利亞，與紫龍晶的產地、結構相似，因此得名。顏色深綠，雜以銀白纖維狀物質；因為其英文名稱的拼法與蛇紋石「Serpentine」極為相似，容易混淆，要特別小心。

葡萄石
Prehnite

葡萄石

宛若成熟白葡萄般鮮美多汁，讓人望而垂涎欲滴！水嫩飽滿的質感正是葡萄石的最佳寫照。葡萄石（Prehnite）被十八世紀晚期派駐非洲好望角的荷蘭陸軍上校也是礦物學者的Hendrik von Prehn先生發現，帶回歐洲後人們以上校的姓氏「Prehn」為名。由於開採出來的礦物晶體多呈鐘乳狀和葡萄球狀的集合體結晶，狀似結實纍纍含水飽滿的白葡萄串，因此在亞洲不約而同的皆以葡萄石來命名。

顏色有白、淺黃、微黃綠、淺綠到綠色，半透明的質地略帶微微的泛光十分討喜；前幾年在臺灣偏綠色的葡萄石一度以翡翠的替代品被介紹到市場上。

產地遍布南非、蘇格蘭、美國、澳洲、紐西蘭、中國、法國等區域，葡萄石隨著包裹內含物的不同有從白色、淺綠、黃綠到淡藍綠色等顏色的變化，透明、半透到不透，硬度6-6.5。有的葡萄石也能產生貓眼效果，在外觀上容易與綠玉髓、玉或是橄欖石混淆。通透者常加工成為刻面寶石，不過凸圓面的做工

更能表現寶石本身晶瑩的色澤質感，品質較次
者也有製成圓珠串成手鍊來配戴；葡萄石對熱
十分敏感，遇高溫會起泡，在鑲嵌寶石的過程
中需要特別的對待。市面上有人用「綠碧榴」
來稱葡萄石，據說是因為常有綠色碧璽或綠簾
石共生，顏色又像綠色榴石（指的是水鈣鋁榴
石）。

發出淡淡螢光的黃綠色葡萄石，盈潤呈
現油脂般光澤的質地，足以讓它以冰種、玻璃
種翡翠的替代品之姿立足消費市場。葡萄石的
價格與翡翠相差甚多，十分具有商業競爭力，
比起翡翠的雍容華貴，葡萄石那優雅細致的水
嫩綠色，在石材、價格、塊度以及數量上讓設
計師更能自在發揮，年輕俏麗風姿綽約的葡萄
石，在市場上已漸漸成為珠寶設計的主角寶
石，同時又沒有讓消費者擔心的優化處理，有
其獨樹一格的位置。

（寶昇珠寶提供）

TIPS

45.如何分辨天然鑽石及魔星鑽？

由於合成碳矽石（魔星鑽、莫桑石）具有極高的導熱性，就連鑽石探針也
無法分辨鑽石與合成碳矽石。辨識合成碳矽石最簡單的方式就是用碳矽石探針
測試，因為合成碳矽石具有導電的特性，一般天然鑽石不具有導電特性，而碳
矽石探針就是以合成碳矽石的導電特性為辨識依據，用以區分天然鑽石和碳矽
石。

蛇紋石
Serpentine

蛇紋石

「勸君莫惜金縷衣，勸君惜取少年時。花開堪折直須折，莫待無花空折枝。」杜秋娘這首詩裡的〈金縷衣〉就是以金絲串成的蛇紋石玉片製成。蛇紋石自古以來運用範圍廣泛，透明度高且韌度強，是中國四大名玉之一。

蛇紋石數量多而且分佈廣泛，這種塊狀的礦物集合體裡主要的成分是蛇紋石，次要礦物有方解石、綠泥石、透閃石、透輝石、滑石、鉻鐵礦等等，因產地的不同其礦物成分比例也不同，所以外觀型態皆有差異，隨著產地而有著許多不同的玉石名稱。像是韓國、紐西蘭或阿富汗產的稱「鮑文玉」或「朝鮮玉」（Bowenite），在中國遼寧岫岩縣產的稱「岫岩玉」或「岫玉」，新疆的昆崙玉、甘蕭的酒泉玉等等。蛇紋石受組成礦物的影響，硬度從2.5-6皆有，其中鮑文玉的質地比較堅實，硬度達到5。

蛇紋石的顏色有無色、淡黃、黃綠色到綠色，有時帶有黑點或脈紋，和軟玉的外觀很相似，以往人們常常以為蛇紋石是軟玉，但軟玉的硬度和折射率都較

高，兩者是不相同的礦物，然而常有共生的情形。

　　蛇紋石的優化處理包括熱處理後產生裂隙，然後浸於染劑中染色；還有用蠟來填充裂縫或缺口以改變外觀的光滑度；另一種「做舊處理」則是施以強酸加熱腐蝕等方法來產生沁色，以模仿古玉的外觀。蛇紋石除了是寶石材料外，因為含有高量的鎂，還是煉鋼的助熔劑之一。

TIPS

46.臺灣花蓮的冷翡翠和翡翠有什麼關聯？

　　臺灣花蓮產的冷翡翠，它真實的學名是「螢石」，又稱氟石，其主要成分是氟化鈣（CaF_2），而我們一般聲稱的翡翠是硬玉（Jadeite），兩者是完全不同的礦石，各自有自己的物理、化學、光學特性。

榍石
Sphene

榍石（大器珠寶提供）

如果說市面上流行的「鈦」金屬健康飾品真的可以為人帶來健康，那麼我們就該為這個特別閃亮但不為人知的「榍石」打打廣告。

榍石的主要成分為「鈦」，英文名又稱作「Titanite」，呈現出金剛光澤般的高折射率和高色散的特性，是少數沒有經過人為處理的天然寶石中能散發出超越鑽石七彩火光的寶石。榍石的比重雖然和鑽石相同，但是它的硬度偏低只有5.5，不同於鑽石的單折射，榍石具有很高的雙折射，並且可以從正面輕易就看到重疊現象（重影）。

擁有強火彩的榍石是透明黃、棕和綠色系的寶石，由於質地較脆軟，很少作為珠寶鑲嵌的寶石，通常是為收藏性質的寶石。寶石級的榍石晶體主要產於馬達加斯加（伊拉卡卡）、瑞士、加拿大、墨西哥等地。

47.蘇聯鑽和南非鑽有什麼不同？

　　蘇聯鑽是人工製造的，學名是合成二氧化鋯石，1976年時由前蘇聯率先研發成功，所以商業上常被稱為蘇聯鑽，也有人稱俄羅斯鑽；現今購物台常以方晶鋯石或晶鑽的商業俗稱販售。南非鑽則指的是南非開採的天然鑽石。

沙弗來石
Tsavorite

沙弗石

印象中，我們可能會認為柘榴石家族的寶石都是價位平易近人偏深紅色的紅榴石。去過東歐、中歐旅遊的朋友們也許會注意到，許多景點紀念品的珠寶專櫃上常會看到各種紅色系列的柘榴石珠寶藝品，孰不知柘榴石可是歐洲皇室指定選用的寶石。

柘榴石的種類繁多，其中有兩種綠色的類別十分的珍貴，它們分別是沙弗來石和濃綠榴石（又稱翠榴石）。由於這兩種綠色的柘榴石非常美麗，因此常被拿來和祖母綠相提並論，有些在價格上甚至還凌駕祖母綠之上。

1967年英國地質學家Campbell R.Bridges在坦尚尼亞和肯亞交界充滿野生動物的沙弗國家公園發現這種結核狀外觀的綠色寶石。到了1974年美國蒂芬尼公司率先以發現地沙弗國家公園命名「Tsavorite」或「Tsavolite」，成為打開市場的商業名稱。中文原本翻譯為「隨我來石」這個有意思的名字，後來可能配合國家公園的名稱而音譯為沙弗石或沙弗來石。它的

學名是「鈣鋁榴石」，因為致色元素是微量的鉻和釩，所以又被稱作「鉻釩鈣鋁榴石」。

　　沙弗來石的原石可以達數公斤之大，但是原石裂紋過多，能切出精華美麗的部分達到3克拉大小的就十分稀少了，顏色則是濃郁的藍綠色到綠色最具有價值。雖然沙弗來石是年輕的新種寶石，但是它的美麗與價值卻有位居綠色寶石之冠的態勢，它同時更是收藏家最愛收藏的特殊寶石之一。

　　主要產地除了肯亞之外，坦尚尼亞和馬達加斯加也出產。

（伯爵珠寶提供）

TIPS

48.為什麼祖母綠常被形容為祕密花園？

　　因為祖母綠是所有天然寶石中內含物（雜質）最多的寶石，分佈在祖母綠裡的雜質多到像是一座花園裡百花叢生，姿態萬千，因此而得名。

黝簾石
Zoisite

黝簾石紅寶（淳貿水晶提供）

早期一般人知道的黝簾石是被當作石板等裝飾材料用，一直到一九六○年代在坦尚尼亞發現了特別的透明晶體黝簾石品種「丹泉石」之後，更引發了大家對黝簾石的認識。

形似岩石的錳黝簾石、綠色黝簾石中，以一種包覆著共生的紅寶石晶體的綠色黝簾石最受人喜愛。這種紅寶黝簾石是很好的雕刻材料，尤其在亞洲因為紅通通的紅寶石讓人覺得喜氣，有了紅寶石的加持，讓紅寶黝簾石的價格提升不少，也有人就光取材紅寶石的部分作為手鐲或是項鍊墜子等各種飾品。

黝簾石蘊藏在結晶花岡岩和變質岩中，顏色從無色、紫羅蘭色、粉紅、綠色等皆有。不同的產地產出不同顏色外觀的黝簾石。挪威出產錳黝簾石、坦尚尼亞出產坦尚尼亞石（丹泉石），其他產地有奧地利、美國、印度、巴基斯坦等地。

印度出產的一種礦物鉻雲母中也共生著紅寶石，

這種紅寶鉻雲母和紅寶黝簾石有著兄弟般的外表，綠色的岩石基底包裹著不透明的紅寶石，購買時要問清楚並注意兩者之間的差異。

TIPS

49.八心八箭是最好的車工嗎？

　　「八心八箭」（Hearts & Arrows）是一種在鑽石上發生的視覺現象，當圓形明亮式鑽石切磨的對稱性（Symmetry）佳，透過儀器可以很容易從鑽石的桌面上方看到排成一圈的八支箭，將鑽石反過來，可以從底部看到排翻成一圈的八顆心，因此得名「八心八箭」。因為有心又有箭，所以有業者為它取名「丘比特車工」（Cupid Cut）。由於評量一顆鑽石車工好壞，最重要的是比例；因此在完美比例的條件下，好的對稱才有加分效果，否則徒有極佳對稱的八心八箭而沒有完美比例，並不是好車工的鑽石！

chapter 4

藍色
寶石

天河石
Amazonite; Amazonstone

天河石（SSEF提供）

天河石是鉀微斜長石（Microcline Feldspar）的一個藍綠色分類，得名於亞馬遜河（Amazon River），因此又稱「亞馬遜石」，但是亞馬遜河本身並不產出天河石。長久以來人們相信天河石的藍和綠是因為含有銅元素（Copper）所導致，但是最近的研究報告卻指稱天河石是因為含有極少量的鉛及水分形成藍綠顏色。

　　天河石的顏色從黃綠色到藍綠色都有，並且通常帶有白色的細條紋理；大部分的天河石是呈現半透明到不透明的，藍色且透明度好的為上品，而藍綠色及淺藍色的價位上就比較低廉，不過因為天河石不是十分價昂的寶石，所以市場上不見仿冒品，這一點倒是消費者可以放心的地方。不過一點值得注意的是，有消費者將天河石及翡翠搞不清的情形發生。

　　在西方關於天河石的神祕傳說有：可以為人帶來幸運、化險為夷及投機好運到，佩戴天河石能讓人免於恐懼、舒緩焦慮的心情。在東方則將天河石視為信心的化身，增強人們在情場、商場、考場的信心，並且為婚姻生活帶來快樂。

　　知名的產地有印度、美國、加拿大、巴西、澳大利亞、中國新疆、俄羅斯及馬達加斯加等國。

TIPS

50.投資鑽石保值還是投資黃金比較保值？

　　任何投資的獲利與否都是由購買的時間點決定。在西元1990年前後，黃金每台兩約新臺幣一萬元，一直到西元2005年才從谷底的每台兩一萬元翻身，到2010年中，黃金曾經飆漲到每台兩四萬八千元左右。只要買賣時間點抓對了，房子、黃金、鑽石都能保值。相較於黃金而言，投資鑽石除了需要有專業知識，品質的好壞與買賣通路等因素都對價格有影響，而黃金的買賣和回收皆有純金公告的牌價。任何一項投資都無法保證最高或最低的績效，所有的投資仍然都有風險。

磷灰石
Apatite

磷灰石

磷灰石的英文名稱「Apatite」是源自於希臘文「Apate」，有欺騙的意思。可能是因為磷灰石跟許多其他寶石外表看起來十分類似的緣故吧！磷灰石除了立足在寶石產業界外，因為磷灰石是主要磷肥的來源，所以是少數在化學製品、藥劑工業上占有舉足輕重地位的礦石。

磷灰石裡的磷肥物質正是植物所需要的東西，也是人類及動物牙齒、骨骼需要的物質。硬度只有5的磷灰石因為太軟所以保養不易，以至於無法廣被市場接受為主流寶石。磷灰石顏色眾多，有黃、綠、藍、紫各色，但是其中以藍色和紫色磷灰石比較珍貴受喜愛。

磷灰石中又以貓眼現象者為珍貴，而藍色貓眼現象磷灰石產自緬甸及斯里蘭卡；產自西班牙的黃色貓眼磷灰石俗稱「蘆筍石」；其他著名產地則有加拿大、俄羅斯、墨西哥及非洲。

TIPS

51.鑽石一定要買南非產的嗎？

南非是眾多鑽石生產國之一，目前世界上的鑽石礦產有三十處之多，包括非洲諸國、俄羅斯、澳洲、加拿大以及中國。每一個國家產出的鑽石都橫跨各種不同品質，早年臺灣的鑽石多是來自南非，所以南非鑽石較為消費者耳熟能詳。購買鑽石還是由鑽石的4個C來選擇，而不要偏廢選擇特定產地國鑽石。

海藍寶石
Aquamarine

海藍寶石

「Aquamarine」是拉丁文「海水」的意思，石如其名，就是因為顏色湛藍如海水一般而得名。海藍寶石的藍雖然有從像天空般的藍色到如海水般的藍色都有，但是其基本顏色的調子還是淡藍色。海藍寶石是綠柱石之下的一個藍色分類，因為和祖母綠同是綠柱石的分類，因此有人戲稱它為「祖母綠的窮表親」，這樣戲謔的稱呼，仍然不減海水藍寶的魅力，因為它有著許多的優點，像是：雜質比綠色分類祖母綠少、上下適中的硬度8、亮度極佳、價位適中，因此深受珠寶設計師們的喜愛。

鐵是海藍寶石的致色元素，有的海藍寶石帶有綠色，通常會施以加熱處理將致色鐵元素由三價鐵離子〈Fe^{+3}〉改成二價鐵離子〈Fe^{+2}〉除去綠色，僅留下討人喜愛的藍色。

（Nico珠寶提供）

巴基斯坦、蘇聯、馬達加斯加、奈及利亞及美國的加州、愛達華州及緬因州都生產海藍寶石，但是這些產地都不及巴西Santa Maria de Itabira出產的海藍寶石，因為顏色屬於比較深藍，色彩濃度比較飽和，所以就用產地名Santa Maria形容這特別品質的海藍寶石。

又稱為「福神石」的海藍寶石是三月的生日石，因為人們相信出海帶著它就可以平安無事，也是旅行家祈求平安的寶石，象徵著勇敢、幸福與不老。

（Nico珠寶提供）

TIPS

52.是不是買有GIA分級報告書的鑽石就是等同買到好品質的保證？

GTL（Gem Trade Laboratory；GIA的關係事業，專事鑑定業務）開立的鑽石分級報告書指的是忠實地記錄該顆鑽石的4C品質。任何人只要付費給GTL，無論是什麼樣品質的鑽石都能取得分級報告書。附帶有GIA鑽石分級報告書並不等同就是買到好品質的鑽石，當然也不能保證鑽石的市場價格；但卻可以知道該鑽石的4C品質。

藍色尖晶石
Blue Spinel

藍色尖晶石

藍色尖晶石不像紅色尖晶石般聲名大噪，甚至有人會發出質疑的聲音，尖晶石也有藍色的呀？尖晶石名稱的由來已不可考，有此說是源自於拉丁文的「spina」意思是針、刺；另外一種說法則是因為如火焰般的顏色，或是因為尖晶石的原石結晶粒子通常尖銳而取名尖晶石。

因為含鐵所以形成藍色，有的時候鈷元素也會造成尖晶石成為藍色。藍色尖晶石因為硬度8，並且韌度很好，上好品質尖晶石的條件有顏色深藍、肉眼看不見任何內含物、亮光佳，廣受珠寶市場的喜好。

目前所知藍色尖晶石沒有優化處理的困擾，但是值得注意的是合成藍色尖晶石的辨識。火焰融合法製作出來的合成藍色尖晶石會顯現氣泡或弧形生長紋，在紫外線燈光下會

（伯夏珠寶提供）

呈現強烈的螢光反應，對於熟悉寶石的寶石鑑定專家而言是不難分
辨天然與合成品的。

53.為何丘比特車工的鑽石有「瘦心瘦箭」和「胖心胖箭」的差別？

　　丘比特車工的八心八箭展現的是鑽石
的對稱性好不好，但是對稱性佳並不表示
鑽石各部位的比例佳，因此不同的組合情
況，例如高冠部與淺底部的組合或是刻面
太大、太小時，就會有高矮胖瘦心和箭的
產生，所以鑽石比例的不同是丘比特車工
鑽石高矮胖瘦心和箭形成的原因。

（伯爵珠寶提供）

158

藍玉髓（臺灣藍寶）
Chrysocolla

臺灣藍玉髓

西元2008年臺灣東部都蘭山發現「藍寶石」礦脈的新聞經由電視新聞不斷地放送，一時間在珠寶業界引起了一陣小騷動！事實上臺灣都蘭山產的是一種半透明藍色，通常被切成蛋面切割型式俗稱臺灣藍寶的寶石，它真正的學名是藍色玉髓（Chrysocolla in Chalcedony），而不是大家以為的剛玉分類的藍寶石（Sapphire）。

半世紀前有一個關於臺灣藍寶的傳說；在西元一九六〇年代臺灣的臺東傳出有臺灣藍寶的礦產，那時的日本人就在臺東廣蒐臺灣藍寶，因為臺東人很貧窮於是就上山下海地拚命採集臺灣藍寶賣給日本人，在當時十公斤的臺灣藍寶可以換得一錢金子（當時約合臺幣180元）的報償。

玉髓中質純且不含雜質者為白色，紅褐玉髓是因為含有鐵的氧化物而呈紅色，紫玉髓是因為鐵離子侵入玉髓晶格產生色心而呈紫色，藍玉髓則是含有少量的銅而呈現藍色，通常是半透明到不透明，是臺灣目前所生產寶石中價位最高的一種。藍玉髓除了有臺灣

藍寶這一個俗稱外，又有「水晶翠」的稱呼。

事實上藍玉髓的顏色常不均勻，有時顏色呈帶狀分佈，可能是玉髓沉澱時所含之微量雜質不同所造成的。藍玉髓也會因為受熱或光照的因素而褪色或變色，可能因為藍玉髓含有一些微量的含水礦物雜質，加溫過程導致含水礦物脫水或變質因此改變藍玉髓的顏色。一般而言，越透明的藍玉髓（二氧化矽成分越純，矽孔雀石含量越低）褪色或變色的機率就越低。

全球寶石

TIPS

54.「Hearts on fire」真的是世界上最完美的車工嗎？

「HEARTS ON FIRE」是一個鑽石的品牌名稱，強調自己的鑽石有最好的車工。為了彰顯品牌的特色，這個品牌的裸鑽，在腰圍上用雷射鐫刻了品牌名字，並且以「全世界最完美的車工」為廣告訴求，定位品牌鑽石。

堇青石
Iolite

堇青石

堇青石的名稱源自於希臘文「Ion」，是藍紫色的意思。在西元八到十一世紀時橫行於歐洲北部及西部海岸的斯堪地那維亞人出海時，藉助堇青石幫忙辨識方向而有著「海盜石」（或稱斯堪地那維亞石）之名。早期出海人利用堇青石的偏光物理特性，將堇青石製作成偏光鏡以精準地確定太陽的位置，在海洋中安全往返兩地。

堇青石的另外一個特性是晶體的不同方向會呈現不同的顏色，常見方形切割的堇青石，一端會呈現很像藍寶石的藍紫色，另一端則是色淡如水，使得堇青石又有另一個「水藍寶」（Water Sapphire）的別稱。

（shareandgive珠寶提供）

董青石的偏光特性固然對於航海有很大的幫助，但是這一特性卻苦了寶石切割師們，因為切割師在切割時只要是方向不對，就無法展現出最美的顏色，而產生所謂的「Water Sapphire」（水藍寶）現象。

因為董青石的礦藏量非常豐富並且價錢也不高，是一般人都負擔得起的，所以可以期待董青石有朝一日一定會在珠寶市場上占有一席之地。產地有印度、斯里蘭卡、巴西、挪威等地。

TIPS

55.國際證書GRS裡的H、H(a)是什麼代號？代表的意思是？

每家鑑定證書的代號表示都不同，GRS證書裡的H：代表有熱處理跡象而無殘留物；H（a）代表：有熱處理跡象並具微量殘留物（癒合裂隙有硼砂等殘留物）。

藍晶石
Kyanite

藍晶石原礦（吳崇剛提供）

「Kyanite」的名稱源自於希臘文「Kyanos」，是藍色的意思，中文譯名為「藍晶石」，雖然顏色涵蓋有藍色、粉紅色、綠色、黃色、灰色和黑色等等，但是藍色是藍晶石裡最普遍的顏色。

藍晶石是少數可以運用在工業或商業用途的寶石石材；在日本，藍晶石是高鋁水泥的重要原料、耐火混泥土；美國則將藍晶石運用在陶瓷及精密鑄造工業上。

像其他一般藍色寶石一樣，藍晶石的藍色光澤可以安定精神、穩定情緒、鬆弛緊張的心情，還可以減少負面思想、降低衝動莽撞、消除怒氣與敵意、增強勇敢而慈悲。

主要產地有美國、加拿大、法國、義大利、印度、巴西、瑞士及澳大利亞等地。

TIPS

56.鑽石探針是用來測量鑽石硬度的嗎？

　　鑽石是所有寶石中傳熱、散熱能力最好的，因此市面上用來辨別真假鑽石最快且準確的工具「鑽石熱探針」就是利用鑽石超高導熱特性製作而成的鑑別儀器，所以鑽石探針不是用來測量鑽石硬度的儀器。硬度不是可以求計量化的寶石特性，其所代表的只是被檢測物質之間硬度的相關性，寶石硬度的測試屬於破壞性測試，通常用於未經切磨的原石上，而不適用於已切磨好的裸石上，當然就更不適宜用在已鑲嵌好的珠寶飾品上了。

青金石
Lapis Lazuli

青金石（淳貿水晶提供）

「Lapis」是拉丁文裡石頭的意思，「Lazuli」則是源自於阿拉伯語的「azula」，代表藍色；所以「Lapis Lazuli」就是藍色石頭的意思。完全不透明且深藍色的體色，加上隨意散佈的黃、白小點，像極了滿佈點點星光的美麗夜空；你如果看到了青金石也一定會為它著迷！佩戴青金石的人相信青金石能增進友誼及帶來人與人之間和諧的關係。

散布在青金石上的金黃色小點，可不是大家認為的黃金，而是一種叫作黃鐵礦（Pyrite）的礦石。除此之外，在青金石上常可看見白色方解石（Calcite）共生，就是這般黃、白點狀分佈共生的紋理，增添了青金石的美麗。

許多國家及地區都出產青金石，品質最好且最著名的產地要算是阿富汗了。蘇俄、義大利、美國、加拿大及蒙古也都出產青金石。因為產量豐富，品質差異很大，這是為什麼青金石的價格可以很低廉，卻也

見高價品。一般來說顏色深藍均勻且有點狀黃鐵礦紋理的青金石備受消費者喜愛，當然價錢上比起其他的品種要昂貴許多。

TIPS

57.戴比爾斯（De Beers）是什麼機構？

　　「A Diamond is Forever」（鑽石恆久遠，一顆永留傳）這一句經典廣告名句就是出自戴比爾斯。戴比爾斯在一九八〇年代時擁有全世界85%的鑽石原礦，因此對於鑽石的產銷有絕對的控制能力，藉由控制鑽石原礦間接控制市場以達到控制鑽石的價格；這是為什麼近二十年以來鑽石一直可以維持一定市場價格的原因。到了二十一世紀，由於中國、蘇俄及加拿大等一些國家發現新的鑽礦，選擇自行開採並且開始量產，使得戴比爾斯的鑽石原礦擁有百分比下滑到僅有45%，這時的戴比爾斯再也不能主導全球的鑽石市場。

　　二十一世紀的戴比爾斯開始推行所謂的品牌鑽石，試圖將其對鑽石的控制力由原礦擁有者及產銷控制者的角色成功轉移到品牌鑽石上。他的作法是要求向他買貨的「看貨人」必須提出一套品牌行銷計畫書，才能向他購買鑽石原石。另外一方面又藉由一些廣告、電影（血鑽石等）、名人代言、活動贊助等行銷手法，大力推廣品牌鑽石概念，催化消費者試圖保持其在鑽石市場既有的獲利。

帕拉伊巴電氣石
Paraiba Tourmaline

帕拉伊巴（大器珠寶提供）

「Paraiba Tourma-line」不同於一般藍色的電氣石（又名碧璽）在於它的致色元素一定要有鉻及銅，而這兩個元素造就了它獨特的藍色。它的顏色大致上從藍色到帶綠的藍綠色，有一點像土耳其石與臺灣藍寶的藍。濃郁的藍色中有透明感和強烈的火光，而較常見的是帶有綠色的藍，它的價值也是很高，不過也有綠到像淺綠色祖母綠一樣，價值就略低了點。

在電氣石各種分類中可以被稱作是「Paraiba」的，只限於產自巴西Paraiba州，從一九八〇年代發現礦藏到開採，僅僅數年挖掘工作就遇到了困難，導致產量陷入不穩定的窘況，這更讓帕拉伊巴電氣石在市場上更顯珍貴和少見。

晶體小、產量少成就珍貴的宿命！帕拉伊巴電氣石總是非常小，乾淨不含雜質的更是難能可貴，一般來說超過5公克的原石晶體已屬珍貴，重量達到20公克的更是少之又少。這是為什麼消費者很難在一般的

珠寶店裡看到帕拉伊巴電氣石，就算有也多是只有一克拉上下般的大小，與其他分類的電氣石動則數十克拉，真是不可相提並論。

帕拉伊巴的價格讓人覺得高不可攀，一克拉好品質的動則要價數千美金甚至於上萬美金！這樣的價位在產量與稀有性沒有改變的情況下，在可預見的未來勢必是看不見任何轉變。

2001年初在非洲奈及利亞西北方的 Edeko礦區發現了類似帕拉伊巴電氣石的霓虹藍色電氣石，在當時曾經引起珠寶界一陣騷動。Edeko礦區的電氣石是屬於鈉鋰電氣石含銅、錳的衍生類型，和巴西的帕拉伊巴電氣石有相似的化學成分組成。因為Edeko礦區產出的電氣石數量夠多，且寶石內裡比帕拉伊巴電氣石乾淨許多，火光也很優，只是色調上偏暗（很多都可以用加熱處理來改變暗沉色調），因此價格上便宜多了！德國有一家珠寶商就賦予產於Edeko的霓虹藍電氣石一個獨特的商業名稱「Indogo Tourmaline;Indicolite」來作為販賣的點了，「Indogo」就是德國人對Edeko礦區稱呼得名。

TIPS

58.Hearts on Fire的鑽石，因為結晶度比較高所以比較亮，是對的嗎？

只要是鑽石都有相同的物理、化學、光學特性，不會因為不同產地或不同品牌的鑽石而有不同的結晶。通常除了鑽石本身的顏色、乾淨度外，切割比例的好壞對鑽石的亮光有著絕對的影響力！

藍寶石
Sapphire

藍寶（大器珠寶提供）

有「天空之石」美譽的藍寶石是剛玉之下藍色的分類，因為含有少量的鐵或鈦所以呈現藍色。在西方藍寶石長久以來被視為同情心、溫柔、忠誠的代表，因此西方女性喜歡將藍寶石製成戒指當作是訂婚戒指（Engagement Ring），以期待自己的愛情及婚姻堅貞不變。英國已故黛安娜王妃的訂婚戒指就是一顆藍寶石戒指。藍寶石是少數同時適合女性也適合男性的寶石，大概50%的人除了鑽石以外第一個會想要擁有的就是藍寶石。

各色剛玉（或稱彩色藍寶）
（SSEF瑞士珠寶研究院提供）

■翻譯名稱說明

剛玉種類之下除了少數顏色有自己的專有名詞形容外，大部分的剛玉分類都以「Fancy Sapphire」統稱。藍寶石是其中一個有自己專有名稱的分類，

169

英文「Sapphire」是藍寶石的專有名詞，而其他顏色的剛玉就在「Sapphire」前面加上顏色，如「Pink Sapphire」、「Orange Sapphire」、「Yellow Sapphire」。這些在英文字「Sapphire」前面冠以顏色者又有兩種中文翻譯；以「Pink Sapphire」為例，一種直接從英文翻譯就成了「粉紅色藍寶」，而另外一種說法則是「粉紅色剛玉」。這兩種翻譯沒有絕對的對錯，只是翻譯名稱的不同，讀者懂得粉剛和粉紅色藍寶石是同一種寶石就好了！

■什麼藍是市場的發燒貨

切割師在切割藍寶石時除了要面對硬度比較高（9）的挑戰外，如何避開藍寶石顏色深淺分佈不均的缺點更考驗著切割師。藍寶石的顏色分佈不均勻呈條帶狀分佈者稱為「色帶」，呈塊狀分佈

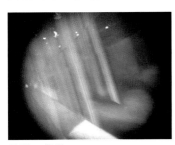

藍寶石色帶

藍寶石色域

者謂之「色域」。一般來說藍寶石的顏色及色調都比較深，那麼到底什麼樣的藍是比較好的藍呢？通常珠寶業者會以商業俗稱「喀什米爾」絲絨藍表示顏色是正藍色帶微藍紫色彩，沒有帶灰黑色調且顏色濃度高的上好品質藍寶石。另外，還會用「矢車菊」來形容緬甸產色度高的正藍色藍寶石。

斯里蘭卡是藍寶石最早的產地，也是當今的主要產地之一，通常斯里蘭卡產的藍寶石在色彩上屬於中等深度的藍色，並且亮度比較高，是年輕人比較喜歡的品種。

■品質選購

選購藍寶石除了首重色彩，透明度、乾淨度及克拉大小也是影響藍寶石價值的因素。除了上述品質選購標準外，珠寶業界喜歡以產地作為品質的定位，屬於前三名高品質的產地分別是喀什米爾藍寶石、緬甸藍寶及斯里蘭卡藍寶石。

（伯夏珠寶提供）

■熱處理影響著藍寶石的品質及價格

加熱處理普遍被用來改變藍寶石的顏色（讓深色變淺，讓淺色變深）、提高透明度、增強藍寶星石的星線現象；經過這樣熱處理的藍寶石是恆久的變化，不會再變回原樣，所以已經普遍被接受，但是珠寶市場上還是喜歡特別強調沒有經過熱處理的藍寶石，尤其是對於克拉數大且品質非常好的藍寶石而言，只要能證明是沒有經過任何處理，價錢就會連番跳，這也許反應出物以稀為貴以及一般人還是喜歡一切天然的東西吧。

■產地

除了著名產地喀什米爾、緬甸、斯里蘭卡、泰國、澳大利亞及印度之外，馬達加斯加也被發現有藍

（伯寶珠寶提供）

寶石的礦藏，更有專家在坦尚尼亞也發現粉紅色、黃色剛玉；巴西也接著宣布發現藍寶石及粉紅色剛玉，這些新產地的加入供給行列，讓喜愛藍寶石的消費者可以暫時免於藍寶石枯竭的憂慮。

中國也生產藍寶石，但是因為中國人自古以來偏愛玉石，所以藍寶石並沒有受到重視。一九八〇年代在中國東部沿海一帶的玄武岩中，相繼發現了不少藍寶石礦床，這其中又以山東省昌樂的藍寶石品質最好。據估算昌樂藍寶石儲量為中國之最，也是目前世界上已探勘儲量最大的藍寶石礦區之一。

TIPS

59.手錶常說的藍寶石錶面，真的是藍寶石做的嗎？

手錶的藍寶石鏡面指的是合成無色剛玉（Synthetic Colorless Sapphire），因為剛玉的硬度僅次於鑽石，有非常好的抗刮傷能力，所以手錶常採用由拉晶法製造的工業用合成無色剛玉做鏡面。

方鈉石
Sodalite

方鈉石

方鈉石是1806年被發現的礦石，一直到1891年時英國公主（Princess Patricia）造訪方鈉石產地加拿大的安大略省（Ontario,Canada）而被賦予土子藍（Princess Blue）的名稱。

　　方鈉石通常為藍色，少數為白、綠、紅、紫或灰色。在自然界裡方鈉石的晶體相當罕見，多以塊狀、粒狀等型態產出，因此多被拿來做成雕刻物件。因為是含鈉、鋁及氯的矽酸鹽礦物，當放入硝酸並加入硝酸銀時，會產生白色的氯化銀沈澱；成分中若氯被硫置換時，則形成紫方鈉石（Hackmanite）。

　　一般消費者會將方鈉石與青金石（Lapis Lazuli）混淆不清，所以在寶石市場上，常拿方鈉石作為青金石的替代品。分辨方鈉石與青金石的主要關鍵在於方鈉石沒有青金石的特徵性黃鐵礦共生物，但是方鈉石卻常見白色礦物構成的紋理，因為狀似點狀散布於青金石上的白色方解石，因此常被誤稱作「加拿大青金石」。

　　優質的方鈉石產於加拿大的安大略及魁北克省，美國的阿肯薩司州也有產出；這幾年加拿大的卑斯省（British Columbia）也被發現有方鈉石的礦藏。其他少量產出的國家與地區有南美的巴西、玻利維亞、葡萄牙、羅馬尼亞及蘇聯和緬甸。

60.心型車工的鑽石因為稀少，所以比圓型明亮式切割的鑽石要貴，是真的嗎？

　　大部分的花式切割鑽石之所以不切成圓型明亮式的主要原因是受限於原石的外型，完好的鑽石原石是八面體，而非八面體的鑽石原石為了保留重量而切成其他花式切割。鑽石的價格還是由4C來決定，不可偏廢任一個因子，所以心型車工鑽石不是因為稀少所以比較貴，還是由4個C來決定

丹泉石
Tanzanite

丹泉石（大器珠寶提供）

因為唯一產地東非洲坦尚尼亞（Tanzania）而得名丹泉石（Tanzanite）。自1967年首次在坦尚尼亞北方的 Merelani Hill被發現後不久，因為它那深邃迷人藍中帶紫的顏色，榮獲「二十世紀寶石」（Gemstone of 20th Century）的美譽。

關於丹泉石名稱的來由有著一段小插曲，最早丹泉石被寶石學家們叫作「藍色黝簾石」（Blue Zoisite），因為這一個既不浪漫又不美麗的名字發音很像「Suicide」（自殺），於是美國珠寶名牌蒂芬尼公司（Tiffany & Co.,）就提議改名為「Tanzanite」（丹泉石），很快的珠寶業界就以「Tanzanite」稱呼這一顆二十世紀之星；而它的中文命名「丹泉石」則是由已故珠寶學家張心洽先生按照英文發音翻譯而來。

陸啟萍設計

丹泉石是黝簾石的一個藍色次類，其主要化學成分有鈣、鋁、矽；因為硬度只有6.5，所以在佩戴上及清潔上需要特別的小心，像是一般清洗眼鏡及珠寶飾品的超音波洗淨機最好避免。丹泉石的另一個迷人的特性是多向色性，時而深藍色、時而紅紫色、時而棕黃色，會隨著觀看方向或角度的不同呈現不同的色彩，十分迷人。

（Nico珠寶提供）

加熱處理普遍運用在丹泉石上，一般天然未經處理的丹泉石帶有棕黃色，而這不討喜的棕黃色大大減低了丹泉石的神祕美感，因此對帶有棕黃色的丹泉石施以加熱處理，加熱至攝

（Nico珠寶提供）

氏500度藉以除去棕黃色，使其展現美麗神祕的藍紫色。這樣的加熱處理將永恆的轉變丹泉石的顏色為介於紫水晶及藍寶石之間的特殊藍紫色彩，這不僅大大提升了它的價值，也增加它的美麗與神祕，造就了丹泉石受人喜愛的色彩。

目前美國珠寶品牌蒂芬尼公司掌握了90%以上的丹泉石，這是為什麼一般消費者不容易在珠寶市場上取得質佳且大克拉數的丹泉石。

美國寶石協會AGTA將丹泉石和同為藍色的鋯石（Zircon）及土耳其石（Turquoise）並列為十二月的生日石。一般西方社會的女性佩戴丹泉石，被視為是自信與成熟的表現。

TIPS

61.為什麼結婚都選擇鑽石作為盟約的信物？

　　將鑽石戒指當作求婚的信物，這個傳統始於西元1477年；當時奧地利大公麥西米倫對鑽石極為喜愛，並堅信鑽石象徵勇敢、堅貞和愛情。他和法國柏根地的瑪麗公主訂親時，大臣薦言送一枚鑲嵌有鑽石的戒指。大公派人差信：「訂親之日，公主須佩戴一枚鑲有鑽石的戒指。」許下海誓山盟，他的這個儀式從此流傳至今，成為戀人們訂情的信物。

拓帕石
Topaz

藍色拓帕石

你一定聽過「黃玉」，但是你也許不知道黃玉和拓帕石之間有什麼關係，這一切就要從翻譯名詞說起。在早先的寶石相關書籍裡聲稱的黃玉指的就是拓帕石，因為早先時候黃色拓帕石是最普遍的顏色，為形容其黃色之美如玉石於是就稱它作「黃玉」。

拓帕石的英文名字「Topaz」是源自於希臘文「Topazios」。人們相信拓帕石是有醫療效用的寶石，佩戴拓帕石可以驅魔並且增強視力。古希臘人更相信拓帕石為人帶來力量，治療失眠、氣喘及止血，還能帶來友誼、增強耐心，當然最重要的是拓帕石還是愛的代表。

拓帕石除了是十一月的生日石外，也是結婚四週年的紀念石。1969年時美國德州更立法將藍色拓帕石訂為德州的代表石。一般來說藍色拓帕石的藍色通常帶有灰色調，色彩也不夠濃豔，因此將淡藍色的拓帕石或無色拓帕石施以輻射加熱處理後會呈現討人喜愛的豔藍色。

即便同樣是藍色拓帕石，也會有許多不同的顏色專有形容詞，像是「Swiss blue color Topaz」指的是如天空般湛藍的藍色，「London blue」是深藍色的，而「Sky blue」則是顏色較淡的藍色。拓帕石常常會被誤以為是三月生日石海水藍寶，其實只

加熱輻射改色拓帕石

天然淡藍色拓帕石

要是對寶石稍有涉略的人,都可以輕易的從顏色就區分出兩者的不同,海水藍寶通常都帶有一點綠色,而藍色拓帕石不論它的藍是深是淺,總是只呈現「藍」這一種色彩。

　　巴西、印度、斯里蘭卡及奈及利亞都盛產拓帕石。

(寶格麗珠寶提供)

TIPS

62.是不是有螢光反應的鑽石比較不好？

　　螢光反應是鑽石的一種光學特性，鑽石暴露在紫外線光的照射下所發出的可見光稱為螢光反應。大約有50%的鑽石會有螢光反應，而這些有螢光反應的鑽石又多是呈現藍色螢光反應，對於體色比較偏黃的鑽石而言，略帶一點藍色螢光反應反而可以吸收微黃體色，使得微黃的鑽石看起來比較白。

土耳其石
Turquoise

土耳其石原石

土耳其石並不是因為產自土耳其而得名土耳其石,而是因為土耳其是古時候波斯產的土耳其石運往歐洲的必經之地。它的英文名稱「Turquoise」源於法文的「Pierre turquoise」,意思是土耳其石,顏色多呈現藍綠色,又名綠松石。

十二月生日石土耳其石是古老寶石之一,象徵勝利與成功,自古至今深受東西方人士的喜愛。早在古埃及、古墨西哥、古波斯,土耳其石就被視為神祕、避邪之物,並被當成護身符和陪葬品。相傳最古老珍貴的土耳其石是五千多年前埃及皇后(Zer皇后)的木乃伊手臂上以土耳其石製成的四只金色手鐲,於西元1900年挖掘出來時,飾品依舊光彩奪目,堪稱世界奇珍。

千百年來土耳其石受到許多國家人們的珍愛,甚至達到迷信的程度。埃及人用土耳其石雕成愛神來護衛自己的寶庫;印第安人認為佩戴土耳其石飾物可以趨吉避凶;古波斯的皇室成員喜歡將土耳其石製成頸圈及手環佩戴,並且相信因此可以避免意外死亡的發

生；中國藏族同胞則認為土耳其石是神的化身，被用於第一個藏王的王冠當作神壇貢品，象徵著權力和地位。

土耳其石在當今的南美及美洲大陸的中部仍然魅力不減，墨西哥的阿茲特克人（Aztecs）在特殊慶典時仍然佩戴著由土耳其石裝飾的面具，而北美的印地安人至今仍將土耳其石鑲嵌在銀飾品上，因為他們堅信色如藍天的土耳其石可以直通天空和海洋。

寶石學裡定義的土耳其石是含水的銅、鋁的磷酸鹽礦物，特有的不透明天空藍色、淡藍色、綠藍色、綠色，常見其體色上分佈有白色斑點和褐黑色紋理。選購土耳其石首重顏色，最好的顏色是如同天空一般的藍色且不帶任何紋理；其次是質地好壞，質地緊密且表面呈現優良反光者為佳。

土耳其石的產出大國有伊朗、中國、智利、美國、澳大利亞、墨西哥等國。伊朗的尼沙布爾礦床，長期以來是世界優質土耳其石的來源。中國則以湖北省鄖縣雲蓋寺產出的最為著名，素有「東方綠寶石」之稱，又有「雲蓋石」的俗稱。

土耳其石因為低硬度及多孔隙，更常見人工處理染色、灌注石蠟或塑膠料，所以佩戴土耳其石製品時盡可能遠離光、熱及具有酸鹼性質的物質。

唯你珠寶提供

TIPS

63.可以刮傷玻璃的就是真鑽石嗎？

只要是硬度大於玻璃（硬度5-6）的寶石（舉例：紅、藍寶，石英）都能刮傷玻璃，所以不能僅由可以刮傷玻璃這一結果就論斷是不是鑽石。

鋯石
Zircon

鋯石（吳照明提供）

鋯石的名稱「Zircon」來自波斯語「Zargun」，是金黃色的意思，但是黃色並不是鋯石唯一的一種顏色。鋯石雖然有許多不同顏色的分類，但是長久以來以無色鋯石最著名，主要原因是因為鋯石的高折光特性造就鋯石的折射及亮光最像鑽石。

大部分鋯石的原石是棕色、黃色、紅棕色，直到加熱處理應用來改變鋯石的顏色，使得藍色鋯石成為一般消費者的新寵。像天空一般的湛藍色，再加上高折射的亮光讓鋯石想藏也藏不住它的光芒！鋯石的比重是4.7，比起一般寶石高，因此同為一克拉重量的鋯石看起來會比大多數其他寶石小；而硬度是鋯石的另一個弱點，硬度7左右的鋯石，需要多一分憐愛心來寶貝它。

你也許也有這樣的疑惑，鋯石和方晶鋯石是兄弟還是近親？其實它們一點關係都沒有。鋯石是一種天然寶石，它的英文名稱是「Zircon」；而方晶鋯石是人造的，英文全名是「Cubic Zirconium」。如果告訴

你方晶鋯石就是所謂的「蘇聯鑽」，你一定就恍然大悟了！

高棉、斯里蘭卡、泰國、澳洲等地都盛產鋯石，因為產量豐富，所以一般各色分類的鋯石價錢都不貴，以一般品質的藍色鋯石而

藍色鋯石戒指

言，價位大概在數十美元到數百美元一克拉之譜。

在中古時代相信佩戴鋯石可以帶來成功幸運、榮耀與智慧，還有一說鋯石具有安眠的作用。

TIPS

64.什麼是搖頭鑽？

近幾年只要消費者在購買鑽石時，通常會問商家有沒有八心八箭的鑽石。如果鑽石的對稱性不夠好的話會出現不夠端正的箭，如果是歪心斜箭、三心二箭等模樣時，觀察者必須拿著目視鏡，搖頭擺腦，左搖右晃才看得到那些箭或心，珠寶業界對於這種切割的鑽石稱之為搖頭鑽或是啞巴鑽。為了要看到全部的八心八箭，必須搖頭晃腦左看右看才能看見，所以稱這種切割對稱性並不佳的鑽石為搖頭鑽。

chapter 5

紫色寶石

紫水晶
Amethyst

紫水晶

怕醉嗎？那就時時戴上一顆紫水晶吧！自古以來，人們相信上帝喝的酒的顏色是紫水晶紫色的來源。紫水晶的英文名稱Amethyst源自於希臘字「Amethustos」，有「不醉」的意思，因此紫水晶被認為有解酒醉的效用。

在所有石英家族的各種次類寶石中，紫水晶是最受喜愛也最貴重的。紫水晶的顏色範圍從淺紫色到深紫都有，它的紫色是因為微量鐵元素導致，有的紫水晶會呈現兩種色彩，主色彩和修飾色在不同光線的切換之下會顯得格外迷人；其中最迷人的是藍紫色與紫紅色的互換。

二月生日石紫水晶一直是皇室的最愛，英國皇室貴族的皇冠上常見紫水晶，埃及皇室也喜愛紫水晶。在中古世紀時，紫水晶被視為鼓勵獨身禁慾及虔誠的代表，因此被當作是主教的寶石，也用來裝飾教堂用。

（Nico珠寶提供）

盛產紫水晶的國家有巴西、蘇俄、美國、烏拉圭、玻利維亞、阿根廷及納米比亞等非洲國家。一般而言，產自於南美洲的紫水晶，顆粒較大；其中巴西是世界主要寶石級紫水晶的生產

（頂康珠寶提供）

國。非洲的紫水晶顆粒雖小但顏色比較濃豔飽和。澳洲的紫水晶則除了顆粒比較小外，顏色也比較暗沉。

熱處理常被使用在改變紫水晶的顏色，通常色調過深的紫水晶經過加熱後可以讓顏色變得較為清透，而一些紫水晶經過加熱後會呈現黃色，成為黃水晶（Citrine），市面上常見的雙色水晶（一半紫色，一半黃色）也是由紫水晶加熱而成的。

西元1970年以後珠寶市場上充斥著合成紫水晶，而天然紫水晶與合成水晶在市價上並沒有太多的差異，因此消費者就當合成紫水晶是多了一種選擇吧！

TIPS

65.山珊瑚是山上產的珊瑚嗎？和珊瑚有什麼不一樣？

地殼變動陸塊推擠，把原本在海洋底下的板塊推擠成現今的高原高山地區，海底的動植物也跟著地殼變動推到山上成了化石；主要產於石灰岩地區，在山上取得的珊瑚化石簡稱為山珊瑚。然而市面上稱為山珊瑚者，多以海竹（型態外觀似珊瑚者）或是軟珊瑚（多孔洞之海綿珊瑚）染色或充填後，反銷到山區的仿品。

紫矽鹼鈣石
Charoite

查羅石

商業俗稱「紫龍晶」的紫矽鹼鈣石，紫色是它唯一的顏色；細分成紫羅蘭的紫、薰衣草般的紫、紫丁香的紫及深紫紅的紫，無論是哪一種紫的紫矽鹼鈣石都伴生著有白色、灰色或黑色的紋脈。

紫矽鹼鈣石的英文名稱Charoite（查羅石）得名於產地蘇俄的雪利河畔（Charo River），是十分稀少且只產於蘇俄的礦石。1947年首次在蘇俄的Murun Mountain山區發現，但是卻一直到1978年才被採用，因為多用來做雕刻物件，與其稱作寶石不如稱作礦石。

紫矽鹼鈣石是入侵到石灰岩石中的霞石正長岩，受到壓力、熱的條件轉變形成紫色帶螺旋狀白色紋理。因為產地雪利河畔終年冰天雪地，開採十分困難，導致產量並不豐富。

關於紫矽鹼鈣石神奇力量的傳說有許多：有一說是將紫矽鹼鈣石放在枕頭之下，可以改善睡眠品質，讓總覺得睡不飽的人，有好的睡眠品質；另外還有一說則是，佩戴紫矽鹼鈣石可以淨化身心靈、增加智慧，因為人們相信紫色能帶來智慧。

TIPS

66.瓜地馬拉玉是什麼玉？

依據主要化學成分，我們可以將玉分為：輝玉（Jadeite），也叫作硬玉；另一種叫閃玉（Nephrite），也有人稱之為「軟玉」。硬玉主要產於高壓的變質岩脈中，緬甸為主要產地且產出高品質的塊料，日本新潟縣、瓜地馬拉、俄羅斯以及美國與墨西哥也有少量出產硬玉。西元三千多年前中美洲的馬雅文明中就使用瓜地馬拉高原區所產之硬玉的雕刻飾品，至今仍有產出，商業名稱加上地名稱其為「瓜地馬拉玉」。

氟石
Fluorite；又稱螢石

紫色螢石（吳照明提供）

氟石（Fluorite）因為在紫外線的照射之下常見螢光反應，又名螢石；顏色有紅、橙、黃、綠、藍、紫及無色、白色、黑色等。其中綠色因為酷似高檔翡翠而有「冷翡翠」的俗稱。

英文名稱「Fluorite」源自於拉丁文「Fluo」，有流動（to Flow）的意思。因為氟石的熔點低，在加熱鋼及鋁的時候被用來當作助熔劑（Flux）使用。在氟石眾多顏色分類中以紫色最著稱，紫色的氟石足以媲美紫水晶，具有摩擦發光的特性，只可惜因為氟石的硬度只有4，所以在高級珠寶市場上難以和紫水晶相媲美。

寶石級紫色氟石的產地眾多，有美國的肯德基州、伊利諾州及英國，而中國是世界上氟石礦產最多的國家之一，主要產於浙江、湖南、福建等地。氟石在冶金工業上可用作助熔劑，而無色透明的氟石則可用於光學儀器中的稜鏡和透鏡。

某些氟石具有熱發光性，在酒精燈上加熱，或太陽光下曝晒可發出磷光，切成圓珠形的氟石在黑暗中發出磷光，增添其神祕色彩，而被冠以夜明珠的稱號，夜明珠的身價因為磷光效應而不菲。市場上有許多的夜明珠是造假的，造假方式之一是在氟石的表面塗上磷光物質；另一種造假方式則是將磷光物質充填進氟石的縫隙，試圖欺騙夜明珠的愛好者。

TIPS

67.理想式車工麗澤美鑽，有沒有八心八箭？

理想式切割是各部位比例在一定標準範圍內切割型態的鑽石，並不一定會有八心八箭，因為八心八箭是相同刻面因為對稱性好，所產生一致性的視覺效果。挑選鑽石首重比例，而不是對稱性，但是因為八心八箭是一種可以被看見的視覺效果，而比例則不是這麼容易一眼看見，所以在銷售術上「八心八箭」常和好車工劃上等號，而麗澤美鑽的理想式車工才是比例好的鑽石。

紫羅蘭翡翠硬玉
Jadeite

紫羅蘭（唯你珠寶提供）

由名稱紫羅蘭就可以知道顏色是像紫羅蘭花一般的紫色，而毫無疑問的翡翠硬玉當然指的就是寶石的種類了！英文的「Jadeite」在中國被翻譯為翡翠，在臺灣則被稱為硬玉。臺灣的珠寶市場裡只有又綠又透的高品質硬玉才能被稱作是為翡翠，由此可見相同的寶石在不同華文市場裡有著不相同的中文譯名與品質認定標準。

紫羅蘭翡翠是硬玉中紫色的分類，錳是它的致色元素。一般紫色的翡翠硬玉有一個特色就是「有種無色、有色無種」，這說明了如果紫色的翡翠硬玉的透明度高，紫色顏色就不會太深；反之如果紫色濃豔者就不會太透明，所以紫羅蘭翡翠硬玉通常是豆種，少見色濃的玻璃種及冰種，因此種好色濃的紫羅蘭翡翠硬玉就顯得珍貴價昂了。

黃色的白熾燈光會讓紫色顯得比原來的顏色深，所以消費者選購紫羅蘭翡翠硬玉時最好在日光燈或自然光下選購。紫色翡翠硬玉又被細分成粉紫色、茄紫色及藍紫色；其中粉紫色通常透明度高且質地細緻，所以最有商業價值。

（唯你珠寶提供）

市場上還又一種被稱作是「藕粉翡翠」的淺粉紫紅色翡翠硬玉，是「種」的一種，因質地細致如藕粉而得名，其淺粉紫紅色常常和綠色並存共生，因此常見大型雕件取用藕粉翡翠，雕刻成討人喜愛的圖紋雕件問市。

TIPS

68.因為大桌面會讓鑽石看起來比較大，所以買大桌面的鑽石比較好是對的選擇嗎？

常聽到銷售人員會這樣告訴你，買桌面大的鑽石比較好，因為看起來比較大，有賺到了的感覺。實際情形則是鑽石車工的好壞有一定的比例及對稱標準，最理想的桌面大小是53%，商業市場最為一般消費者喜歡的桌面大小是58%到64%，如果偏離了標準就不會是好的，所以這樣的說法不完全正確。

紫玉髓
purple chalcedony

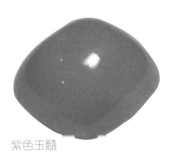

紫色玉髓

玉髓的類別眾多，其中以俗稱臺灣藍寶的藍玉髓最著稱，紫色玉髓則是二十一世紀臺灣珠寶市場上常見的一個分類，之所以呈現紫色是因為含有鐵（Fe）離子。

多半切磨成蛋面的半透明紫色玉髓，給人清爽舒服又略帶一點神祕的甜美浪漫感覺，十分討喜，是一種適合各年齡層佩戴的寶石，再加上高貴不貴的價位，值得消費者投以關愛的眼神。

臺灣花東出產玉髓，而紫色玉髓分佈在臺東縣的東河鄉都蘭以北至花蓮豐濱海岸沿線。

TIPS

69.紅寶石有螢光反應是好還是不好？對紅寶石的價錢有什麼影響？

紅寶石在長波或短波紫外光下皆會產生無～強的紅色螢光反應，屬自然現象，所以沒有好與不好的區別。正常情況下進行的挑選購買應注重四周環境的光源，冷色系或暖色系的光源會影響我們的對寶石色彩上的視覺判斷。除了寶石展現的色調之外，寶石的大小、處理的程度，或是淨度、切磨等整體因素，皆會影響寶石的買賣價格。

方柱石
Scapolite

方柱石

方柱石是1913年首次在緬甸莫克（Mogok）區被發現比較不為人知的二十一世紀新寶石種類。英文名稱「Scapolite」源自希臘文「Skapos」，是柱體的意思，大概是因為方柱石的原石晶體多成粗短或粗長的柱狀而得名。

方柱石雖然有許多顏色，但是比較常在高級珠寶見到的是貓眼現象的方柱石。其中紫色的方柱石，猛一看還真有點像紫水晶，但是對於珠寶學研究者而言，雖然無法從兩者重疊的折光率輕易分辨，但因為方柱石是負單軸，而紫水晶則是正單軸，所以還是難不倒專家的。不過因為紫水晶及方柱石都不是價錢高的寶石，所以一般消費者只要選購的是美麗的寶石就好，倒也不必拘泥於誰是誰了。

產地有緬甸、印度、斯里蘭卡、坦尚尼亞、馬達加斯加等地。

70.什麼是衝突鑽石？

　　衝突鑽石又稱血鑽石（Blood Diamond）。二十多年來出產高品質鑽石聞名的塞拉里昂（獅子山）、安哥拉和剛果民主共和國戰火不斷，鑽石的開採引發當地政府和軍閥嚴重的衝突與鬥爭。雙方各自控制開採鑽石礦藏以取得購買武器裝備的金源，買了武器又反拿來搶奪鑽石開採的權利。這種以非法手段從事的鑽石交易，嚴重破壞非洲戰亂國家的和平、人權和經濟，因此被稱為「衝突鑽石」或「血腥鑽石」。

舒俱來石
Sugilite

舒俱來石

學名是鈉鋰大隅石，有南非國寶之稱的舒俱來石是二十世紀末才被發現的新礦石種類，因此有「千禧石」的封號。1994年由日本的地質學家Ken-ichi Sugi博士發現的，因此以他的姓氏作為寶石名稱。

大部分的舒俱來石是半透明到不透明且帶有紋路的皇家紫的漂亮顏色，多是製作成擺飾雕件，如果品質極佳、顏色呈現深紫紅者會被拿來製作成珠寶飾品，在歐美珠寶市場稱這樣品質的舒俱來石為紫紅土耳其石。

舒俱來石被認為具有特殊的能量，能使人避免受傷害驚嚇，並且可以激發積極正面的能量。在神祕的氣場學裡，紫色是來自於頂輪（位於頭頂處），被認為是智慧與靈性的代表，因此人們相信佩戴舒俱來石可以穩定情緒、開啟智慧。

TIPS

71.什麼是type Ia鑽石？

鑽石分四個種類，每一類皆有其特色。I型鑽表示含有氮元素，II型鑽基本上不具有氮元素。I型鑽又分Ia和Ib型，Ia型鑽是我們口中的開普鑽（Cape），98%左右的鑽石都是屬於Ia型鑽石（type Ia），此類鑽石從無色到黃色皆有，氮元素的聚集讓鑽石展現黃色調。

chapter 6

白色
寶石

鈉長石
Albite

鈉長石

在雲南省昆明、瑞麗與騰衝一帶，出現一種顏色多呈現白色或灰白色，水頭極佳，透明到半透明被視為冰種質地的「鈉長石」，俗稱「水沫子」。

以鈉長石為主要成分的水沫子，有人以「翡翠硬玉共生礦」來看待它。水沫子主要產於鈉長石中，又有人以「鈉長石翡翠」來形容它，這個說法容易誤導消費者，讓人誤以為它是翡翠中的一個類別！

水沫子的折射率約為1.53～1.54（spot），硬度為5.5～6度之間，比重約為2.56～2.65。

主要的成分為鈉長石，也可能含有少量的硬玉、閃石、綠簾石與陽起石等其他礦物。因為鈉長石的比重占了絕對多數，因此對於它正式的定位，我們仍以鈉長石（Albite）稱之，俗稱水沫子。

體色主要為白色或灰白色，也有淡綠色，其色調上則可能偏暗，其綠色往往呈條狀、斑塊狀分佈，但它的綠色綠得不正，顯得偏灰、偏藍，並且常見包含著其他礦物。水沫子的另一個強烈的特色是「玻璃光澤」，呈現出透明到半透明狀，這也是為什麼很多人將它誤認為是玻璃種無色硬玉的原因了。

TIPS

72.陀螺鑽是什麼？

陀螺鑽是指鑽石腰圍、冠部很厚的切割，比例上略顯頭重腳輕的鑽石。由於切磨時為了要保留比較多的重量，就沒去考量亮光、火光、閃光的整體效應，硬是留了一堆重量在腰圍上，也就是 極厚的腰圍厚度。陀螺鑽的整體比例分配下來，鑽石的桌面會很小，全身會過深，通常會有漏光的現象，所以鑽石看起來暗暗的沒精神。

方解石
Calcite

方解石

外觀酷似石英的方解石是最重要的碳酸鹽類礦物，硬度只有3，具有玻璃光澤，礦物大多呈現無色透明或白色不透明狀。

方解石的化學成分是碳酸鈣（$CaCO_3$），和石灰石、大理石、鐘乳石的主要成分相同。如果您拿廁所洗馬桶的稀鹽酸溶液滴上一兩滴，立刻會在表面冒出一顆顆的小泡泡，這是因為碳酸鈣與稀鹽酸會產生化學作用釋出二氧化碳的緣故。

純淨透明的方解石又稱之為冰洲石（Iceland Spar），常作為美麗的觀賞收藏用飾品。方解石具有極強的雙折射值，所以從一面透視另一面的文字或符號時，可以輕易看到雙重影像，非常的有趣。順便一提，方解石外觀呈斜長方狀，「解」字代表分解、分開的意思，與礦物特性相同，這或許是古人將它命名為「方解石」的原因吧！

如果方解石的內部不含雜質或裂痕，不帶雙晶或歪曲，晶體達到一定大小者，透過一定的切割方式使成為柱狀，可以當作顯微鏡的稜鏡。

市面上的礦石療法認為，方解石具有穩定情緒的作用，而一般人相信方解石球更有聚財的功效。

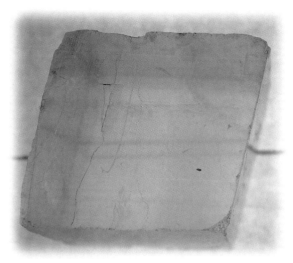

方解石與雙折線

TIPS

73. 人的骨灰真的可以做成鑽石嗎？

　　人的骨灰裡有49%的碳元素，正是鑽石的基本元素，1997年就有德國廠商嘗試將人骨成功製作成鑽石。2003年美國一家名為Life Gem的公司開始提供這項服務，將骨灰中的碳成分以高溫高壓法製造出合成鑽石。經由技術性的調整，大小從0.25克拉到1.50克拉以上，並有紅、黃、藍、綠及無色的選擇。

鑽石
Diamond

鑽石（誠信鑽石提供）

　　鑽石啊！鑽石！多少女人為你著迷，究竟你的媚力何在？鑽石這個我熟悉再熟悉不過的寶石，原本以為可以洋洋灑灑寫上數千字也不會有腸枯思竭的情形發生，當真正要下筆時（敲鍵盤）卻一再思索應該自哪一個面向切入鑽石對讀者、珠寶從業者及消費者最有幫助？

　　網際網路的時代，想要獲得任何知識及訊息，只要勤快地多動一動食指，電腦就會給你各種知識與訊息。在網際網路的世界裡，從來不缺訊息來源，缺的是判斷訊息正確與否的能力！基於

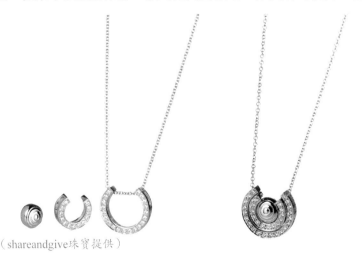

（shareandgive珠寶提供）

這樣的考量,我想突破一般書籍從介紹鑽石的生成及4C的評鑑切入,而是從市場實務面及鑽石相關名詞個別解釋,讓閱讀者可以有正確的通盤概念。

■鑽石為什麼那麼貴?

鑽石的價格由稀有性及市場供需來決定,而這裡的稀有性是指相對稀少而言;提供一個參考數字,一般來說23噸的土(一般中型卡車的載重是7噸)有4-1/2克拉的鑽石原石,而這4-1/2克拉的鑽石原石裡面則只會有1克拉的鑽石是寶石級的鑽石,而1克拉的寶石級鑽石最多只能切割出0.5克拉圓形明亮式切割型式的裸石。至於市場供需則是牽扯到行銷面的議題,長久以來鑽石被戴比爾斯(De Beers)成功形塑為「愛」的意象,因此廣大的市場需求被刺激創造出來,既然有需求市場就使得鑽石可以維持一定的價格不墜。

■為什麼De Beers可以創造鑽石的需求市場呢?

「A Diamond is Forever」「鑽石恆久遠,一顆永留傳」這一句成功的slogan配合上感動人心的廣告短片,讓所有的女人對「承諾愛情」的渴望寄情於鑽石。這一句由De Beers創造出來的經典廣告詞成功地刺激了鑽石的需求。

八〇年代時候的

(shareandgive珠寶提供)

De Beers是一家擁有全球85%鑽石原礦的公司，經由掌控產銷鑽石原礦得以控制鑽石的市場價格；更透過高明的行銷策略，成功的將鑽石幻化為「愛」，造就了今日鑽石在珠寶市場上無可取代的地位。二十一世紀的De

（shareandgive珠寶提供）

Beers因為中國、蘇俄及加拿大幾個新的鑽石生產大國興起，不受控於De Beers的產銷系統，導致De Beers的原礦控制百分比大幅下降到50%左右，因此De Beers有感於自由競爭的市場，難保其百年來鑽石霸主的地位，因此將行銷策略轉向，藉由鑽石品牌的推廣試圖保有市場占有率。除此之外，De Beers自己也從鑽石礦脈的擁有者、鑽石原礦的供貨商及經銷商的角色，涉足零售市場，推廣品牌鑽石就是DSC（Diamond Service Center）。

■品牌鑽石的鑽石和傳統珠寶店的鑽石有什麼不同？

在鑽石的4個C裡面，乾淨度（Clarity）、成色（Color）及重量（Carat Weight）這三個C是天然生成的，是由造物主決定；其中只有切割（Cut）是人為的結果。因為切割是唯一可以改變的，所以一般品牌鑽石會以切割為訴求定位自己的品

（伯敻珠寶提供）

牌鑽石，試圖與非品牌鑽石做區隔。切割之於鑽石很重要的原因是因為沒有好的切割，再好品質的鑽石也無法展現其閃爍耀眼的特質，所以選購鑽石還是著重在個別鑽石品質（4C）的好壞如何。鑽石就是鑽石，品牌鑽石與非品牌鑽石都是鑽石；現今切割鑽石多已電腦化，無論是不是品牌鑽石都能有標準理想的切割。

■什麼切割的鑽石才好呢？

鑽石車工首重比例（Proportion），展現鑽石完美比例的車工又稱作「理想式切割」（Ideal Cut），是由數學家Marcel Tolkowsky先生在1919年首先提出的，他認為鑽石的理想切割方式是要能充分表現出其最佳亮光（Brilliance）及色散光（Dispersion）的特性，並據此計算出鑽石經切割後，其各部位應具備之比例和角度。

近幾年市場上十分流行的一種叫作八心八箭切割型式的鑽石，指的是對稱性十分好的車工。「八心八箭」（Hearts & Arrows）是一種在鑽石上發生的視覺現象，當圓形明亮式鑽石切磨的對稱性（Symmetry）好，透過儀器可以很容易從鑽石的桌面上方看到排成一圈的八支箭，將鑽石反過來，可以從底部看到排成一圈的八顆心，因此得名「八心八箭」。因為有心又有箭，所以有業者為它取名「丘比特車工」（Cupid Cut）。

由於評量一顆鑽石車工的好壞，最重要的是比

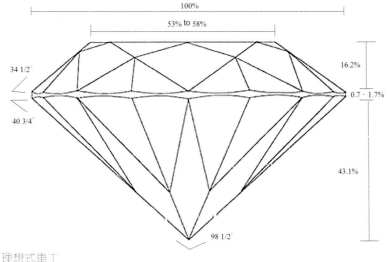

100%
53% to 58%
34 1/2°
40 3/4°
16.2%
0.7～1.7%
43.1%
98 1/2°

理想式車工

例；因此在完美比例的條件下，好的對稱才有加分效果，否則徒有
極佳對稱的八心八箭而沒有完美比例，並不是好車工的鑽石！而
所謂對稱性好指的是只要有相同切割刻面，都是一樣大小、位置相
同；因此比例不好的鑽石只要對稱性好，也能出現八心八箭，這是
為什麼會有胖心胖箭或瘦心瘦箭的原因。所以八心八箭不足以用來
代表好車工，但是比例完美再加上絕佳的對稱性，這樣的鑽石就太
完美了。

■究竟理想式切割是什麼標準呢？

上圖說明了理想式切割的各部位標準，但是理想終究是理
想，現實因素還是要考量的。在今天的鑽石市場中，大部分的鑽石
桌面百分比都較理想式切割為大，原因無他，只因為較大桌面百分
比的鑽石可以保留較多的重量，在重量就是金錢的大原則之下，
桌面百分比稍大也就能理解了；而在實際買賣時，若是一切條件都

相同（重量、成色、淨度都相同），則越接近理想式切割的鑽石其價格就越高，正為了理想式切割無可避免地會損失較多的重量之故。

當然一顆夠格稱得上是好品質的鑽石除了具備上述車工條件外，在成色及乾淨度上也是要達到一定的等級才能夠稱得上是好的鑽石。鑽石之

（伯夏珠寶提供）

所以訂出4C等級標準為的是區隔價位，這也就是為什麼同樣是一克拉的鑽石在價位上可以相差數倍之多。做個聰明的消費者，記得下次購買鑽石時，除了要求成色、乾淨度以外，別忘了車工。車工再也不僅是被珠寶店家簡化的外形（Shape），當然被市場炒得火熱的八心八箭也不能代表車工的全部。車工除了外形（Shape）外，還有各部位比例（Proportion），平衡對稱（Symmetry）和拋光品質（Polish）都對車工品質有一定的影響性，因此不宜偏癈。

■鑽石品質報告書能保證品質還是價格？

珠寶市場上有人用第五個C（Certificate）來形容鑽石證書，然而在現實的世界裡只有鑽石品質報告書（Diamond Grading Report）而沒有證書。鑽石品質報

告書就好比人們的身分證明，上面記錄了該顆鑽石4個C的現實情況。目前在臺灣最廣被消費者接受的品質報告書是由GTL（Gem Trade Laboratory；GIA的關係企業）所簽發的。因為GIA在珠寶教育及研究上面有一定的專業地位及公正性，所以消費者對由GIA所簽發出來的鑽石品質報告書是有一定程度的信任。

這裡特別要說明的是，無論GIA或GTL都只是在珠寶專業領域享有一定的聲望，並不表示GTL開立出來的鑽石品質報告書的鑽石就一定是好品質，當然也就不能保證其價格了！這一點消費者一定要有正確的認識，鑽石的價格還是由4C來決定，不能單靠一紙證書或報告書。

■是不是買品牌鑽石比較有保障？

這是一個好問題，相信也是所有消費者最想知道答案的問題！鑽石因為出產地或特殊切割形式，以品牌定位問市，主要代表的是這一品牌的價值觀，和鑽石品質沒有絕對的關係。舉例說明，鑽石的價格是由4C決定，不是單純由車工形式決定，而另外三個C中的成色、乾淨度及大小都是造物主的傑作，以車工定位的品牌鑽石，其成色及乾淨度還是會跨越數個不同等級，因此品牌鑽石最能給予消費者的是品牌之所以成立的價值觀，遠遠超過品牌所能保障的品質及價位！

Nico珠寶提供

■ 如何透過鑽石品質報告書選購鑽石呢？

GIA REPORT 14896427

GIA
GEMOLOGICAL INSTITUTE OF AMERICA®

New York Laboratory Headquarters
580 Fifth Avenue | New York, NY 10036-4794
T: 212-221-5858 | F: 212-575-3095

Carlsbad
5355 Armada Drive | Carlsbad, CA 92008-4699
T: 760-603-4500 | F: 760-603-1814
www.gia.edu

DIAMOND GRADING REPORT

January 4, 2006

Laser Inscription Registry .... GIA 14896427
Shape and Cutting Style ....Round Brilliant
Measurements .... 8.21 - 8.31 x 4.99 mm

GRADING RESULTS - GIA 4CS

Carat Weight .... 2.06 carat
Color Grade .... F
Clarity Grade VS1
Cut Grade ....Excellent

ADDITIONAL GRADING INFORMATION

Finish
  Polish .... Very Good
  Symmetry .... Excellent
  Fluorescence .... None
Comments:
*SAMPLE*SAMPLE*SAMPLE*SAMPLE*SAMPLE*

Additional Inscription:
YOUR STORE NAME OR PERSONAL MESSAGE
HERE

REFERENCE DIAGRAMS

GIA COLOR SCALE

COLORLESS
D
E
F

NEAR COLORLESS
G
H
I
J

FAINT
K
L
M

VERY LIGHT
N
O
P
Q
R

LIGHT
S
T
U
V
W
X
Y
Z

GIA CLARITY SCALE

FLAWLESS
INTERNALLY FLAWLESS

VERY VERY SLIGHTLY INCLUDED
VVS1
VVS2

VERY SLIGHTLY INCLUDED
VS1
VS2

SLIGHTLY INCLUDED
SI1
SI2

INCLUDED
I1
I2
I3

GIA CUT SCALE

EXCELLENT
VERY GOOD
GOOD
FAIR
POOR

58%
50%
13.5%
33.0°
medium
slightly thick (faceted)
60.4%
43.5%
41.2°
80%
very small
Profile to actual proportions.

341223302

This Report is not a guarantee, valuation or appraisal and contains only the characteristics of the diamond described herein after it has been graded, tested, examined and analyzed by the GIA Laboratory and/or has been inscribed using the techniques and equipment used by the GIA Laboratory at the time of the examination and/or inscription. The recipient of this Report may wish to consult a credentialed jeweler or gemologist about the information contained herein.

IMPORTANT LIMITATIONS ON BACK
©2006 GEMOLOGICAL INSTITUTE OF AMERICA, INC.

KEY TO SYMBOLS
  ° Crystal
  ○ Cloud
  ╲ Feather
  ∧ Natural

Red symbols denote internal characteristics (inclusions). Green or black symbols denote external characteristics (blemishes). Diagram is an approximate representation of the diamond, and symbols shown indicate type, position, and approximate size of clarity characteristics. All clarity characteristics may not be shown. Details of finish are not shown.

TIPS

74.鑽石是88刻面比58刻面好嗎？

鑽石刻面多寡的好壞取決於鑽石的大小，一般兩克拉以下大小的圓形明亮式切割鑽石多會切成58刻面。通常大克拉數的鑽石會考慮切出比較多的面，使得鑽石看起來比較活潑耀眼；對於小克拉數的鑽石，過多的刻面反而無法增加鑽石的美麗。

（Nico珠寶提供）

象牙
Ivory

象牙雕刻（吳崇剛提供）

象牙顧名思義就是大象的牙，早先在塑膠還沒問市前，人們取用大象的牙製作成保齡球、鋼琴的琴鍵、鈕扣及雕塑裝飾品。在珠寶學裡面，廣意的「Ivory」是指稱一切哺乳類動物的牙齒。

象牙屬於有機物寶石，主要產區國有坦尚尼亞、印度、斯里蘭卡及泰國。現今因為大象屬於保育類動物，所以現在市面上可以看見的象牙製品多是早期的商品。1989年在《華盛頓公約》的制約下，禁止象牙的國際進出口。

象牙是非常軟的物質，只有2.5的硬度非常適合拿來做成雕刻物件，中國人就喜歡將象牙製作成印鑑圖章使用。除了軟之外，象牙的另外一個特性是不能耐受熱、酸、鹼，十分容易就變黃！

除了大象的牙之外，非洲野山豬的牙、鯨魚的牙也可以製作成珠寶飾品或雕刻物件供佩戴或觀賞用。

TIPS

75.南非鑽石比較白是真的嗎？

南非鑽石和其他任何鑽石產國生產的鑽石，其成色範圍從D到Z都有。

石英
Quartz

石英原石（淳貿水晶提供）

在所有有色寶石中，石英（商業俗稱水晶）應該算是最普遍的寶石，它的化學元素是氧化矽。名稱來自於斯拉夫語「Hard」有堅硬的意思，希臘語Krystallos則是「Ice」冰的涵義，有此一說在中世紀時期的希臘以水晶（Crystal）代表石英（Quartz），這似乎合理的解釋為什麼現在一般人認為的水晶就是石英的緣故了。

石英中有幾個有名的分類，像是眾所周知的紫水晶、黃水晶、玫瑰晶（又稱粉晶）等等；而這裡所介紹的完全無色的石英，它的英文名稱是「Rock crystal」，中文俗稱白水晶。由於無色石英沒有像鑽石般的高折射值，所以切割成刻面寶石並不會像鑽石一樣閃爍耀眼，又因為它的結晶塊度通常非常大，所以無色石英多半被拿來製做成水晶球或是雕製成佛像、圖騰飾品等擺飾物件。

石英不僅僅是珠寶市場上的寵兒，在工業上也占有舉足輕重的地位；二次世界大戰時石英就被用在通訊器材上，當今電子工業上的二極體、半導體、整流器也都用得上石英，因此石英和我們的生活息息相關。

生活、科學上需要石英，心理、玄學世界裡的石英更是有份量。古老年代的中國人相信口中含有一顆石英可以止渴，現代人

則相信白水晶可以帶給人們健康。水晶球更被神祕主義者拿來當作是預知未來的工具（電影《哈利波特》故事中崔老尼教授的占卜用品）。古埃及人相信將白水晶放在往生者額頭上，可以淨化靈魂，吉普賽人及印第安人則認為透過白水晶可以和大自然溝通。白水晶是佛教七寶之一，因此會將白水晶製做成珠串佩掛，當作是護身用品。

　　石英雖然俗稱水晶，但是與一般人認知的「水晶」是不一樣的物質；一般百貨專櫃販售宣稱水晶的物質，通常指的是一種加了鉛的玻璃（Lead crystal glass），而這種高鉛玻璃會以奧地利水晶鑽的商業名稱販售，國際知名品牌施華洛世奇（Swarovski）製品就是這種高鉛玻璃，和大自然裡的白水晶（Rock crystal）是不同的物質。

　　白水晶是地球上含量最豐富的礦物之一，許多國家地區都有石英的礦脈，在這麼眾多的礦藏中以巴西最重要與著名。

陸啟萍設計

TIPS

76.瑪瑙和水晶是一樣的嗎？

瑪瑙是石髓（Chalcedony）的商業俗稱，也是其中的一個分類的名稱，俗稱水晶的物質是石英（Quartz）；這是兩種具有相同化學成分而結構不同的寶石，但是因為石髓屬於微晶質石英，所以常見石髓和石英共生。

鋯石
Zircon

鋯石

鋯石的英文名稱「Zircon」來自波斯語「Zargun」，是金黃色的意思，十二月的生日石，有著一個很美的俗稱叫作「風信子石」。

■鋯石和方晶鋯石有什麼不同？

鋯石是一種天然寶石，英文名稱是「Zircon」，常常有人會將它與人造的方晶鋯石（Cubic Zirconium, CZ）混淆。商業俗稱方晶鋯石的物質就是大家熟知的「蘇聯鑽」，是1974年一個革命性的人造產物，它的化學元素是二氧化鋯，並且直到二十世紀末是鑽石替代品的第一首選。

鋯石雖然有許多不同顏色的分類，但是長久以來以無色鋯石最著名，主要原因是因為鋯石的高折光特性造就鋯石的折射及亮光最像鑽石。無色鋯石因為它的高折光特性使然，展現出極類似鑽石的亮光與火光，所以是所有鑽石類似石中最接近鑽石的。但是鋯石卻沒有鑽石堅硬的優點，以至於刻面切割的鋯石經過一段時間的配戴，會因為刻面磨損而顯得混沌不

亮。

　　近年珠寶業界大量使用無色鋯石當作鑽石的替代品，我們甚至看見世界知名品牌珠寶公司拿鋯石當配石鑲嵌在高級珠寶飾品上，這是因為鋯石有著接近鑽石的高折射率，並且又是天然寶石，天然的身分總是讓消費者多一分珍愛。

TIPS

77.牛糞真的可以變成鑽石嗎？

　　高純度甲烷（牛糞等能產生沼氣的物質），加上氫、氦等氣體輔助，在微波爐原理的儀器中以高壓方式，讓甲烷中與鑽石一樣的碳分子不斷累積到鑽石原石上，鑽石就一層層增生長高長厚。2005年卡內基實驗室的毛河光博士公布以CVD法製造的合成鑽石技術有所突破，並以「牛糞變鑽石」的用字，來突顯以科技讓鑽石量化對價值及價格上衝擊的可能性。

chapter 7

黑色寶石

黑珊瑚
Coral Antipatharia

黑珊瑚

當環保人士與珊瑚漁業人士還在爭議珊瑚的定位究竟是保育類生物還是再生資源的同時，臺灣漁業署開放寶石珊瑚採集漁船執照給一百艘漁船，珊瑚已經從「顧肚皮」的經濟議題提升成為政治議題！

　　寶石級珊瑚有兩大來源，其中有一大類屬於軟珊瑚目（Alcyonaria）硬軸珊瑚亞目中的紅珊瑚科、紅珊瑚屬（Corallium）。而黑珊瑚是屬於黑珊瑚目的花蟲動物，是十分稀少的種類，目前被列入華盛頓CITES公約的第二類保育類動物。

　　黑珊瑚主要分佈在西太平洋、義大利沿海及臺灣的南、北部海域皆有產出。由於黑珊瑚的成長非常緩慢，約只占珊瑚產量的6%，有「千年海底樹神」的美譽（特別提醒黑珊瑚是動物而不是植物）。美國夏威夷州特別選定黑珊瑚為「州寶石」。

　　因為黑珊瑚的主要成分是碳酸鈣，屬於有機物寶石，所以在佩戴時特別注意避免接觸汗水、香水、化妝品等酸、鹼化學物品。

左：金珊瑚，右：黑珊瑚優化後的金色外觀

TIPS

78.是不是選購有GIA分級報告書,再加上八心八箭「邱比特車工」的鑽石,就一定是好鑽石?

GIA分級報告書只是忠實陳述鑽石品質的現況,並無法保證鑽石是高品質。而八心八箭只是好的對稱性,好的鑽石車工首重比例,而不是對稱性。

赤鐵礦
Hematite

赤鐵礦

赤鐵礦的英文名稱「Hematite」，源自於希臘文「Halima」，是血液（blood）的意思。光是聽到赤鐵礦這個名稱就讓人聯想到這一定是一個含鐵的礦石。赤鐵礦的化學元素是三氧化二鐵（Fe_2O_3），並且鐵的含量高達70%之多。因為是鐵的氧化物，生鏽了就會呈現如鐵鏽般的赤紅色，因而得名赤鐵礦。

赤鐵礦多呈黑色、銀灰色或深褐紅色，拋光良好者表面會散發強如金屬般的光澤，這是因為它是所有寶石中折光率最強的寶石（鑽石是所有透明寶石中折光率最強的寶石），因此珠寶市場有人以黑鑽來稱呼赤鐵礦。通常單晶體的赤鐵礦多呈菱形狀，而片狀集合體的赤鐵礦會排列如盛開中的玫瑰花，因此有「鐵玫瑰」的稱號。

赤鐵礦除了是提煉鐵的原料外，在維多利亞時期的歐洲是頗受歡迎的寶石，美洲西部的原住民也大量採用赤鐵礦製做成裝飾品佩戴或擺飾。自古以來

（唯你珠寶提供）

它還被拿來當作是陶瓷器皿的染劑，像是中國引以為傲的紫砂壺的紫紅色就是因為製作原料紫砂泥內含有氧化鐵所致。

　　赤鐵礦的產地有英國、巴西、澳洲、美國、墨西哥及加拿大。

TIPS

79.合成鑽石是假鑽石嗎？

　　合成鑽石是人為在實驗室裡培育而成的人工鑽石，和天然鑽石有著相同的物理、化學、光學特性。唯一的不同是生成手段造就不同的內含物，以合成鑽石稱呼這種人工培育而成的鑽石。

黑曜石
Obsidian

暈彩黑曜岩

黑曜石並非全是黑色的，而是各種顏色都有；是火山熔岩急速冷卻後形成的非結晶物質寶石，屬於火成岩的天然玻璃。

黑曜石多分佈在火山活動的地區，美國的亞利桑那州及新墨西哥州是黑曜石的主要產地。在印第安部落流傳著這樣一個關於黑曜石的故事，傳說部落裡一群勇士們外出征戰全軍覆沒，部落裡的親人得知噩耗後傷心淚流，一粒粒滴落地下的眼淚竟然幻化成一顆顆黑色的小石頭，因此黑曜石有「阿帕契之淚」的稱呼。

因為是天然玻璃，所以有人稱黑曜石為「火山琉璃」，它是少數可見氣泡內含物的天然寶石。無論是什麼顏色的黑曜石，通常純度越高顏色越深，鐵和鎂是黑色的致色元素。黑曜石除了單一顏色外，或見條紋、斑點圖案，其中一個名為雪花黑曜石（Snowflake）的次類，深受收藏者喜愛。雪花黑曜石是在黑色不透明的體色上布滿一朵朵大大小小的白色斜長石結晶體，因為狀似雪花得名雪花黑曜石。

雪花黑曜岩

關於黑曜石的神奇力量從古來的佛

器文物中可見一斑，現代人則認為黑色黑曜石有聚氣、驅邪擋煞的功能。中國氣學研究者相信，人的氣是左進右出，於是所有水晶製品都佩戴在左手，唯獨黑曜石是佩戴在右手，原因是右手的黑曜石有助於負能量的吸納，並且穩定情緒幫助睡眠。

TIPS

80.什麼是全美鑽石？

　　早期珠寶市場聲稱的「全美」是指鑽石的淨度等級是內無瑕〈internal flawless〉，簡稱為IF，成色等級則是D等級；舉凡達到這兩個條件就屬於是全美鑽石。但是現在市場上也有許多借用「全美」二字來形容一些有色寶石內部的高淨度和精良的切磨。

墨翠
Jadeite

墨翠

關於墨翠的說法眾多紛紜，依礦物比例的多寡形成不同種類的墨翠，像是「綠輝石質翡翠」（綠輝石Omphacite-Jadeite）或是「硬玉質翡翠」（鉻含量過多導致角閃石暗色）。如果直接照字面上的解釋，墨翠應該就是黑色的翡翠硬玉，但是事實卻不全然如此！真正的墨翠在一般不穿透的冷光燈（日光燈）照射之下呈現黑色，而在穿透性燈光（白熾燈泡）照射之下則是呈現深綠色。

墨翠品質的好壞也適用於評鑑一般翡翠的標準，從種、色與雕工三方面去觀察，質優的墨翠是要水頭夠，也就是一般所稱的種要好。種好的墨翠質地細致、均勻且透光度良好。至於色的要求則是黑如墨、翠如綠，一定要同時兼具此兩種色才能稱得上是墨翠，否則只見黑色單一顏色者只能稱其為黑色翡翠硬玉，而夠不上墨

（唯你珠寶提供）

翠的條件。雕工對墨翠來說也是非常重要，美的圖紋形制再加上精細作工是優質墨翠的必要條件。

雖然翡翠硬玉產自緬甸、俄羅斯及美國幾個地區，但是最著名的產地是以出產綠色翡翠硬玉的緬甸。墨翠是二十一世紀興起的寶石，由於質好的產量並不豐富就更顯得珍貴了。

TIPS

81.用牙齒咬一咬，有澀澀觸感的就是真的珍珠嗎？

辨別真假珍珠的一個簡易測試方式，就是用牙齒輕輕「摩擦」珍珠（不是咬一咬），因為珍珠的表層是鈣，而牙齒本身也是鈣質，所以兩者互相摩擦，會有澀澀的觸感，而一般用來仿珍珠的其他物質，像是玻璃、塑膠等的摩擦觸感則是滑順的。

不過建議將兩顆天然珍珠互相摩擦也會有澀澀觸感，比用牙齒測試衛生且傷害性低。

條紋瑪瑙
Onyx

條紋瑪瑙

瑪瑙和玉髓都是隱晶質石英，在礦石學裡統稱為玉髓，但是寶石學裡將其中具有紋帶構造隱晶質塊狀石英稱作瑪瑙（Agate），如果塊體沒有紋帶構造則稱為玉髓。條紋瑪瑙（Onyx）和瑪瑙（Agate）又有什麼不同呀？這也是困擾許多人的問題。在寶石學裡條紋瑪瑙是指半透明到完全不透明黑、白兩色成平行條狀或彎帶分佈的石髓；瑪瑙（Agate）則是半透明到次半透明的各色石髓，顏色可呈現不規則或彎曲帶狀分佈。

條紋瑪瑙的英名稱「Onyx」源自於希臘字「Onyx」，是爪或指甲的意思。條紋瑪瑙因為層次分明且顏色對比強的特性，常被用來做浮雕的材料。德國寶石之都伊達奧柏斯坦發展出來的浮雕卡米歐（Cameo），就是利用條紋瑪瑙的這種特性所雕刻出來的藝術品，而在臺灣所風行

（Nico珠寶提供）

的天珠，也是利用瑪瑙加工而成的一種宗教藝術品。

　　瑪瑙產地有許多，中國就是其中的一個主要產地，著名的南京「雨花石」就是瑪瑙。巴西、印度、蘇俄、美國都出產瑪瑙，臺灣除了出產瑪瑙外也曾經是瑪瑙的主要加工國，臺灣的高雄甚至因為是加工廠的集中地而有「瑪瑙窩」的稱號。

（寶格麗珠寶提供）

TIPS

82.火油鑽是什麼？

　　火油鑽指的是帶有強藍色螢光反應的鑽石，在紫外線刺激下，泛強藍螢光反應的鑽石看起來會油油霧霧的，因此有火油鑽的稱呼。

煙水晶
Smoky Quartz

煙水晶

煙水晶是石英的一個次類，又稱冰上香檳（Champagne on Ice），是蘇格蘭的國石。因為產自蘇格蘭的「Cairngorm」山因此又名「Cairngorm」。在眾多寶石種類裡，煙水晶的顏色是特別的，它的顏色有棕色及灰黑色，到目前為止顏色的成因不明，但是專家學者們相信應該是含有化學元素鋁和微量輻射有關。

除了常見的深褐色，還有一種變形的煙水晶類別叫作「魅影水晶」（Phantom Quartz），這種魅影水晶裡面藏著其他礦石（通常是綠泥石、煙水晶本身或白水晶）而得名。形成原因是煙水晶的晶體在成長時因為外在環境改變阻擾或停止晶體的成長，當晶體再度恢復成長時，會因為改變原來成長方向，使得晶體呈現像是兩個內外不同的個別晶體，看似鬼魅因此得名「魅影水晶」」。

煙水晶被相信具有專注當下的神奇力量，也能轉化憤怒與負面情緒為正面能量。

天然煙水晶最大產地是巴西，另外美國的科羅拉多州及瑞士的阿爾卑斯山脈也出產煙水晶。

（Nico珠寶提供）

TIPS

83.「充頭貨」指的是什麼？

在珠寶業常以充頭貨指稱兩種特定商品；其中一種指的是寶石本身的總重量沒有表面看起來這麼大。會有這樣的情形是因為寶石的底部很淺，所以正面看起來大，實際重量卻因為底部很淺而沒有應該有的重量。這一種底部很淺切割型態的寶石，通常是鑲嵌成珠寶飾品再販售，因為鑲嵌後的寶石，無法清楚看見底部。另一種說法則是用在形容翡翠，指的是乍看覺得是很不錯的石料，但一細看才知道是普通貨色。而在古董藝術市場「充頭貨」一詞指的是仿造的複製品，如果是古人做的仿品便稱為「老充頭」。臺灣的鑽石市場也有人稱陀螺鑽那樣品質的物件為「充頭貨」。

chapter 8

現象寶石

瑪瑙
Agate

瑪瑙晶洞

瑪瑙是石髓的一個分類，屬於隱晶質，結構均勻沒有條紋色帶的稱作石髓，有環帶或條帶外觀的則是瑪瑙。瑪瑙的英文名稱「Agate」是源自於拉丁文，因為瑪瑙最早被發現於義大利西西里島阿蓋特河 River Achates（德文的瑪瑙就稱為 Achat）而得名。

二氧化矽的晶質體石英分為單晶質和隱晶質（隱晶質也有人再細分為多晶質或微晶質）兩類，所謂隱晶質就是有許多許多微小的晶體集結成塊組成的聚成岩。

瑪瑙的各種線條和內含物勾勒出來的圖案，活像大自然的風景微縮在方寸的石頭之間，這是為什麼有「千樣瑪瑙，萬種玉」的美名了。瑪瑙的種類多，根據花紋、顏色及內含物等又細分成縞瑪瑙（纏絲瑪瑙）、苔紋瑪瑙、火瑪瑙、水膽瑪瑙、暈彩瑪瑙等。

珠寶市場常見染色處理瑪瑙，許多瑪瑙工藝品也是經由熱處理或酸處理後染成不同間隔的顏色，像是許多中國人特別

（唯你珠寶提供）

蕾絲瑪瑙lace agate
（淳賢水晶提供）

火瑪瑙

喜愛的天珠正是以這類的程序褪色後再上色完成的工藝作品。

　　收藏家們常依瑪瑙的圖案和視覺效果賦予專有名稱：

1. 苔紋瑪瑙（moss agate）：內含氧化鐵或氧化錳的樹枝狀內含物，有些看似青苔、羊齒狀植物。具有白色不規則紋路但重疊排列的外觀，常又稱縞瑪瑙、纏絲瑪瑙、條紋瑪瑙。

2. 火瑪瑙（fire agate）：豔麗似火焰的火瑪瑙，以葡萄球狀的型態生長，晶體內含片狀的鐵礦物薄膜，讓光引起干涉產生暈彩及虹彩效應。

3. 風景瑪瑙（landscape agate）：一些瑪瑙切片因裁切位置得當，內含物的集合體像極了大地自然風光的景致。

4. 虹彩瑪瑙（iris agate）：這種透明到半透明的瑪瑙可能因為寶石內部構造扭曲造成光的繞射，形成令人驚豔的彩虹顏色，稱虹彩效應。

5. 水膽瑪瑙（Water agate）：水分被封在圓形瑪瑙的內部，常以極精細的切磨工藝，打磨至可見水在晃動的程度。

　　瑪瑙的產地廣泛，巴西、烏拉圭、墨西哥皆出產優質瑪瑙，其他產地還有印度、中國、馬達加斯加、美國等地。

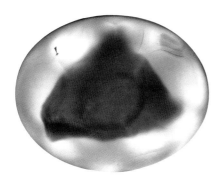

水膽瑪瑙

TIPS

84.天珠上面的紋路（眼）是天然的嗎？

　　製作天珠的材質取自於瑪瑙或石髓，從琢磨然後塗上鹼性金屬：如鹼水、白鉛、洗滌鹼等，再加熱產生白色線條滲入內部。整個過程是工藝的展現，所以市面上大部分天珠上面的紋路是手工繪製的，常稱為鑲蝕紅玉髓。此外瑪瑙本身就有層狀條紋的特性，只要取的角度正確，就能產生平行線條的紋路稱為線珠，如再加上雕刻就能製作出像一顆眼睛的「一眼天珠」。

亞歷山大石
Alexandrite

　　具有變色現象的寶石有許多，如剛玉、螢石、柘榴石、尖晶石等等，但是能夠在色彩上變換有如紅綠燈般的鮮明豔麗，而且身分貴重的寶石非亞歷山大石莫屬。

　　亞歷山大石是金綠玉寶石中的一個類別，微量的鉻元素是形成變色現象的主要因素，簡單的說，由於變色寶石對於不同光源有著選擇性吸收的特性，讓我們對顏色的感知力產生不一樣的感應。亞歷山大石在白熾燈泡照射下是顯現紅色，在日光或螢光燈的光源下則是呈現出綠色，因此得到了一個「白天裡的祖母綠，夜裡的紅寶石」的稱號。

　　最初這一珍貴的寶石是在1830年的俄羅斯烏拉山區（Ural Mountain）被發掘出，恰好俄國皇家旗幟的顏色是紅和綠，當時沙皇亞歷山大二世將這個寶石鑲

左：日光燈下呈現暗綠色亞歷山大貓眼石；右：白熾燈下呈現棕紅色亞歷山大貓眼石（吳照明提供）

237

在他的皇冠上，並在生日當天以自己的名字（Czar Alexander II）為寶石命名，稱之為「亞歷山大石」。當時俄羅斯的烏拉山是著名的產地，而現今市場上的亞歷山大石主要產自巴西和斯里蘭卡。

亞歷山大石常被切割成明亮和階梯的混合式切磨，變色效果是切磨亞歷山大石最主要的考量。亞歷山大石還有一種特殊現象的類別，不僅擁有亞歷山大石的現象外，還呈現出貓眼效應，市場上稱作亞歷山大貓眼石（cat's eye alexandrite），其中貓眼現象是由定向排列的絲狀金紅石內含物折射產生的。

合成亞歷山大石的製造方法包括拉晶法、浮區法、助溶法，不過此類合成寶石較少出現於臺灣的市場。由於物理和光學性質和天然寶石相同，所以顯微放大內含物觀察為主要的辨識方式。

TIPS

85.玫瑰金和K黃金、K白金有什麼不同？

K金（K gold）用來指稱在純金裡加上其他的合金金屬，依成分配方比例的不同，呈現不同的硬度和顏色。黃金加銅、銀、鋅等的合金會成粉紅色，習慣上稱玫瑰金。黃金+鈀或+鎳+鉑金+銀+鋅等會成為白色，稱為K白。鑲嵌寶石通常使用硬度比較高的18K（750）或14K（585）。市場上最常使用的是黃色的K金及白色的K金，近幾年各種不同顏色的K金，如黑色、粉紅色等各種K金顏色也廣被消費者喜愛。

雙色水晶
Ametrine

雙色水晶

如果說紫色水晶會帶來智慧的能量，黃水晶能招來財運，那麼同時擁有紫色和黃色於一身的雙色水晶，那不就是財慧雙全，兩全其美了。雙色水晶又稱紫黃水晶（amethyst-citrine）或是結合二字在一起的紫黃晶（Ametrine）。

海拔超過3600公尺，地處南美洲的內陸地區，有高原之國著稱的玻利維亞，靠近巴西邊界的礦區Anahi是雙色水晶的唯一產地。傳說十五世紀末期西班牙軍隊征服者娶了該地區Ayoreos族的Anahi公主，於是以公主Anahi為此礦區命名，並在十七世紀的時候將雙色水晶引進歐洲。Anahi礦區不僅產出雙色水晶，同時也出產優質的紫水晶和黃水晶。

加熱處理普遍使用在改變水晶的顏色，大部分的黃

（寶格麗珠寶提供）

239

（寶格麗珠寶提供）

色水晶都經過加熱處以加深黃色體色，紫色水晶經過熱處理可產生黃色成為黃水晶，而將具有色域的紫水晶施以450～550℃的加熱處理以形成雙色水晶。

雙色水晶常見長形的切割，因為長形切割更能展現其雙色的對比效果，尤其重量大於5克拉者色彩表現會更顯濃郁。

TIPS

86.奧地利水鑽是奧地利產的鑽石嗎？

市場上奧地利水鑽是一種加了高鉛的玻璃，因為鉛有高折射光的特性，所以加了鉛的玻璃會閃亮動人。奧地利水鑽指的是施華洛世奇水晶（SWAROVSKI），是氧化鉛含量pbo（lead oxide）大約24%以上的高鉛玻璃，表面經過精工的打磨切面，反射色彩閃爍。在歐洲，含鉛量超過10%的鉛玻璃就能以Crystal（水晶）稱之。施華洛世奇水晶以精緻的鑽石車工模式來進行切磨，市場上給予水晶鑽、水鑽、奧地利水鑽的商業市場名稱。

菊石
ammonites

菊石（設計製作：三上雅久）

　　菊石是中生代（6500萬年~3億9千萬年前）侏羅紀到白堊紀時期，生活在濱海或淺海中的烏賊形海洋硬殼貝化石，螺旋狀的外觀和現今的鸚鵡螺相近。

文石、方解石、矽化物、黃鐵礦等礦物置換取代了菊石的殼體，並充填了多個空氣的腔室形成化石。

　　菊石顏色通常呈現灰～橙到褐色，對半剖開或是切成薄片製做成珠寶飾品，盡量保留菊石原狀依其自然的螺旋構造來鑲嵌。具有紅、橙、黃、綠、紫，彩虹般閃光現象的「彩斑菊石」（iridescent ammonites）更是受歡迎的珠寶材料，彩斑菊石的大小一般約20～60公分，也有尺寸達一公尺大小的。

　　菊石的主要產地為美國、加拿大、英國、摩洛哥。加拿大亞伯達省（Alberta）產的彩斑菊石以豔麗的虹彩現象聞名，珠寶市場又稱其為麒麟石。

TIPS

87.白K金和白金、鉑金有什麼不同？

　　白K金的主要金屬是純黃金，加入一定成分與配比的合金使其顏色成為白色，因此稱作白K金或K白金，又按含金成分多寡有18K、14K等。鉑金（Platinum）是完全不一樣的金屬，在有些英文字典裡將「platinum」翻譯成鉑金或白金，以Pt來表示質量，例如Pt950、Pt850。鉑金的密度高所以比黃金重，鉑金質地十分堅硬也使其更不易磨損。珠寶從業人員對白金的定義不同，有的人指的是鉑金，有的人則稱白K令為白金，這兩者是天差地別的束西，價格上也有很大的不同。

貓眼石
Cat's eye

貓眼（Dr. Hanni提供）

常被視為是男人專屬寶石的貓眼石，寶石本身的貓晴光特性卻是十分女性的。有如貓的眼睛般靜默神祕，隨著光線的移動，眼線又呈現一分為二般一眨一眨地像眼睛開闔般地靈氣活現，這種現象稱為「貓晴光現象」。

只有金綠玉寶石的貓眼才有特權直接以「貓眼石」這個專有名詞稱呼，其他如石英、磷灰石等具有貓晴光現象的寶石，前面都需要加上寶石的名稱以便和「貓眼石」區別，例如石英貓眼、陽起石貓眼等。

貓眼石的內部有著豐富又細膩的平行針狀物或管狀物，當光線照射在這些內含物上，折射出來宛如絲緞般光澤的眼線光芒就是貓晴光現象。最優質的貓眼石除了要有明顯和靈活的眼線外，另一個特徵是當光線照射寶石時會呈現出牛奶與蜂蜜體色的效果，當光線轉動時，寶石的一側呈牛奶乳白的顏色，另一側則呈現蜂蜜狀的原來體色，這種現象被稱做是「奶蜜現象」。

　　金綠貓眼石的體色從灰綠、綠褐、褐色、黃、黃綠色都有，最受歡迎的還是金黃色到黃褐色（蜂蜜色）的體色。一般貓眼石都切磨成凸圓面，選購時除了顏色之外，特別要注意眼線是否對正中間、銳利且完整，凸圓面的對稱性和比例得宜。貓眼石的大小約在1～20克拉左右，硬度高達8.5，其堅固性和穩重內斂的顏色的確十分適合作為男士的袖鈕、領帶夾、戒指等珠寶飾品。

　　金綠貓眼石主要產於斯里蘭卡和巴西，其他產地有緬甸、印度、馬達加斯加等。

TIPS

88.為什麼18K金還是會氧化？

　　在學理上這個世界裡沒有一種金屬不會氧化，只是環境的溼度不同會造成不同金屬氧化的速度快慢與程度不同。有幾種可能18K金會有氧化的情形，其一是18K金的純度不夠；其二是18K金裡高含量的銅合金金屬會造成氧化程度不同；第三個就是身處的環境溼度，像是臺北陽明山因為有硫磺，金屬長期處於那樣的環境下會氧化比較快。

拉長石
Labradorite

拉長石原石（吳崇剛提供）

來自芬蘭的拉長石（SSEF提供）

兩百多年前加拿大紐芬蘭省拉布拉多半島（Labrador）的海岸附近發現了鈣鈉斜長石（Labradorite），因此就引用產地名為寶石的學名，音譯之下的中文學名稱之為「拉長石」。

拉長石的體色多呈現出灰色、橙色到暗藍色，隨著寶石移動角度變化時，會顯現出紅橙黃綠藍紫不同的色彩，這是內部細密的聚片層狀結構共生，當光線通過時這些極細護層讓光波發生干擾產生的光譜色，稱為鈉石光彩（labradorescence）。商業俗稱是「彩虹月光石」（rainbow moonstone）或「光譜石」（spectrolite）。

拉長石除了具有光譜色的特性外，表面還會顯現出如月光石的青白光彩，特別是質地潔淨或光譜特

於偏光環境下，能看出層狀的細緻結構和彩虹般的排列

徵不明顯的凸圓面切割型態拉長石，容易和半透明具有青白光彩的月光石混淆。一般而言較難分辨，由於價位和同樣是長石家族的月光石有一些些差距，所以還是得仔細尋問選擇。

具有典型綠色和藍色光彩的鈣鈉斜長石主要產於加拿大的拉布拉多地區，其他產地有馬達加斯加、芬蘭、墨西哥、美國及俄羅斯等地。

TIPS

89.為什麼斷過的K金鍊會再常常斷？

因為斷過的地方經過焊接加熱，加熱過的斷點是比較脆弱，所以通常又會是同樣的地方再一次斷裂。

月光石
Moonstone

月光石

月光石的一個典型蜈蚣狀內含物,為應力所產生的特殊裂紋。

月光石象徵新的開始,許多國家的人們把它當作深厚愛意喚醒柔情的愛情寶石。因為那半透明的晶體散發出有如皎潔月光般的銀色月夜朦朧暈彩,不分中外直接給予月光石(Moonstone)這個名號,因屬於長石家族中正長石所以又稱為月長石(Moonstone Orthoclase)。

月光石柔美迷人的特質來自本身雙晶面結構裡的互層堆疊,光線在厚與薄的聚片中反射形成獨特的藍白光暈現象,稱之為青白光彩(adularescence),這個字取自於最早發現頂級月光石的瑞士Adular山脈,字源也就是月光的意思。

沒有經過拋磨的寶石無法展現折射和反射的外觀，月光石尤其是如此，通常凸圓面的切磨方式，使得青白光彩隨著觀察角度的移動而更加滑順閃動。月光石對外來的壓力比較敏感，切磨師父會對準軸心仔細地打磨成適當凸面高度的蛋面形狀以求得鏡面般的月光效果。

無色的月光石和冰種翡翠十分相像，有時不易和乳石英或是同類具有青白光彩的拉長石分辨。透明度從透明到不透明都有，體色則有無色、白色、綠色、黃褐色、灰到黑，有些還會顯現貓眼或四線星光效應。

一般較常見到的尺寸大小介於1至25克拉。斯里蘭卡為目前最優質的月光石產區，不過頂級質優者越見稀少且產量有限，其他產地有印度、緬甸、坦桑尼亞。這個高貴又不貴的寶石，在十九世紀末到二十世紀初期的新藝術時期（Art Nouveau）及裝飾藝術時期（Art Deco）被大量應用在貴重珠寶的設計作品中。

月光石和珍珠並列為六月的生日石，象徵富貴、健康和長壽，自古世界各地都尊崇其擁有月亮般能量的神聖寶石，被認為具有讓人自我反省的能量，並具有舒緩鎮定情緒及過度反應的療效。在歐洲還被視為旅人之石，成為出門在外守護旅程的護身符。

TIPS

90.為什麼是18K金，戴了還是會皮膚過敏？

兩種可能：第一是佩戴者自身體質比較敏感；另一個可能原因則是18K金裡含有鎳金屬，許多人對鎳金屬過敏。

蛋白石
Opal

蛋白石（Mr. Zoltan提供）

「Opal」源自梵語「upala」，意為蛋白石，顧名思義寶石的體色有如蛋白蛋清，也有人就直接以「Opal」的發音將中文譯名為「歐泊」或「歐寶」。

　　蛋白石主要有三種顏色：白色、黑色及橙色。有人形容白色蛋白石的大片波彩像神祕的極光，黑蛋白石像絢麗的煙火，火蛋白又豔麗如火山。如萬花筒般多變色彩的蛋白石，彷彿匯集了所有寶石的光彩於一身，因此得到了「藝術家之石」的美名。

　　蛋白石屬於非結晶物質的寶石，是由矽酸鹽固化集結而成的膠狀球體寶石。形成蛋白石的環境獨特，大約三千萬年前在含有豐富的二氧化矽的地底岩層裡，於夏天、冬天，雨季、旱季的交替下，二氧化矽以球體的型態耗時數百萬年不斷地沉澱和累

積，才得以形成蛋白石。二氧化矽球體裡含有3%～20%的水分，當光線射入寶石內部產生繞射，光被干擾後折射出光譜色的七彩光，從不同的角度觀察色彩呈現不同的變化，珠寶學稱這種特殊現象為遊彩（play of color）或變彩。

蛋白石按體色被分成：白色、黑色及橙色。

白蛋白石（white opal）：體色為乳白～灰白的都稱為白蛋白石，價格平實，佔了市場上商用級的大部分，不過從霧狀模糊的遊彩，到近乎透明鮮豔生動的高品質都有，因此價格也有相當大的差異。

黑蛋白石（black opal）：體色為深灰到黑，通常較白蛋白石有價值，而且體色越深其價值越高。品質最好的是具有深色背景，透明度則是介於透明到半透明之間，這種品質讓遊彩分外鮮明極具跳躍的動感，因此價格不菲。黑蛋白與其他大部分以克拉計價的寶石不同，是以整顆計價。

礫背蛋白石（boulder opal）：帶有母岩（matrix）的蛋白石，是澳洲昆士蘭產區（Queensland）的特產。礫背蛋白石是蛋白石侵入含有氧化鐵的深褐色砂岩，在切磨時取其橫切面產生不規則形狀大小的美麗紋路，或是把共生的岩石一同切磨，成為蛋白石面的一個底，不僅堅固了蛋白石薄層，因為有母岩做底部襯托更加強了蛋白石遊彩的效果。

boulder opal（唯你珠寶提供）

火蛋白石（fire opal）：溫暖似火的橙紅體色可能是因為氧化鐵致色導致，不像其他類

別的蛋白石主要強調遊彩現象，火蛋白的主要特質在她的橘紅體色。主要產地是墨西哥，因此也被稱為墨西哥蛋白石。

　　蛋白石的處理方法大致有：一是為薄片的材料加強堅固度，二是加以處理產生黑色，以成為較高價格的黑蛋白石的外觀，幾種詳細做法說明如下：

（頂康珠寶提供）

1. 雙層、三層石：施以夾層處理的目的是為強固較薄的蛋白石薄層，或是墊以黑底模仿高價格的黑蛋白。像三明治一般疊層加強固定中間蛋白石薄層，通常底層為黑瑪瑙，頂層為無色石英。

（寶昇珠寶提供）

2. 糖處理：浸泡糖水後置於濃硫酸中再施以加熱處理，主要目地為使糖分形成炭化作用後的殘留物質，以產生暗色背景來模仿黑色蛋白石。

3. 煙燻處理：主要目的同樣是為模仿黑蛋白石。用紙張包裹起來後加熱讓紙張冒煙燻烤，以產生黑色背景。

　　合成蛋白石：品質高的人造蛋白石因為製作過程

繁複耗時，因此價格並不低。透過放大觀察合成蛋白石可見蜂巢狀或稱蛇皮紋路的特殊色塊結構，從寶石側面觀察則可見柱狀結構，這是和天然蛋白石遊彩現象不同之處。

　　澳洲是蛋白石的最主要的產地，火蛋白和水蛋白石則多產於墨西哥。巴西、美國愛德華州及內達華州，以及近年在衣索匹亞和西非的馬利共和國都有蛋白石礦床。蛋白石體質含水量較高，置於強光下過度乾燥的環境會引起乾涸，產生裂縫並使遊彩消失，所以避免長時間置放於高溫或強光下。

91.什麼是「Nickel free」？

　　不含鎳的意思。為什麼會特別強調「Nickel Free」，是因為許多人會對鎳過敏，所以強調不含鎳，是要消費者放心選購佩戴。

多色碧璽
parti-colored tourmaline

西瓜碧璽（吳照明提供）

有哪種寶石擁有水果般的層次色彩並且鮮豔得令人垂涎？一種為紀念一位寶石學家而命名的「李迪克碧璽」，就具有色域式的漸層組合顏色，又稱為「多色碧璽」（parti-colored or multi-color tourmaline）。1703年時期荷蘭人將電氣石從斯里蘭卡（錫蘭）帶回歐洲，以當地的古僧迦羅語「Turmali」，意思是「混合的寶石」（因為不知其為何物），衍生出「Tourmaline」一字。《說文解字》中解釋「碧，石之青美者」，璽則為古代帝王的用印，也有紅色之意，所以中文的寶石學以「碧璽」為名，感覺

（Nico珠寶提供）

十分富貴吉祥。

　　沒有一種寶石像碧璽般的從紅、橙、……到紫有著如彩虹光譜般的顏色！以硼、鋁、矽酸鹽（aluminium boron silicate）為主要化學元素的碧璽為什麼會如此色彩繽紛？這是因為一點點微量的化學元素置換就會產生不同顏色，一般認為錳形成紅色系，而鐵或鈦產生綠色和藍色。

　　碧璽（Tourmaline）只是個總體稱呼，兩種顏色共生的碧璽叫作雙色碧璽（Bi-Colored、parti-colored），當色域的分佈範圍平行於晶體的生長方向，紅色被綠色包圍，外形酷似西瓜得名西瓜碧璽（watermelon tourmalines），另外還有貓眼碧璽（Cat's eye）、變色碧璽（Color-change）等。切磨師會依照顏色的分

（大器珠寶提供）

佈加以切磨，將原石垂直切成薄片或是安排顏色平行排列以求取最佳的顏色表現。

TIPS

92.鍍金和K金有什麼不同？

　　鍍金是只有金屬表層電鍍的一層是K金成分，底金屬則通常是錫、白鐵、銅、鉛一些價格便宜的金屬，流行飾品通常是這種組合。K金則是金屬本身就是K金，只是K金又按照含金量多寡區分為市場上常見的22K、18K、14K及12K。

珍珠
Pearl

珍珠

外來的微小異物侵入貝殼的蚌體內刺激了蚌貝母體，軟體組織會分泌出一種稱為珍珠層的物質包裹住外來刺激物，經年累月一層層不斷累積包裹，孕育出富有暈彩光澤的珍珠。珍珠層是具有80%以上碳酸鈣的霰石以及方解石，另外含有2%～4%的水分以及其他介殼質的物質。當光線照射到層狀堆疊結構的珍珠層表面，和珍珠層產生繞射和反射的作用，這種特殊的光線作用讓珍珠呈現出七彩光澤暈彩，我們稱這種現象為「珠光」或「珍珠光」。

珍珠有天然和養殖、海水和淡水以及有核和無核的區別。天然珍珠目前產量十分稀少，大顆的天然珍珠必會成為國際拍賣會上爭相競標的焦點。

1.海水養珠：養珠的研究在1761年時即有雛型，而在一九○○年代前後，養珠之父御木本幸吉嘗試以不同的材料放入蚌體培植，讓阿古屋品種的牡蠣成功地培育出海水養殖珍珠，並且在1920年開始商業化，將日本阿古亞養珠推向全世界，供應珍珠日益

增加的需求量。海水養殖珍珠通常
是在蚌體內植入一個淡水蚌殼貝製
成的珠核，放置水中養殖三年後採
收，通常一年才能長出0.2～1mm厚
的珍珠層。

（寶昇珠寶提供）

2.淡水養珠：日本福田先生在琵琶湖
以淡水河蚌成功養殖出淡水珠，無
核的淡水養殖珍珠，運用了和海水養殖同樣的方法，但取代珠核
的是一個小塊的片狀物。生命力強韌的河蚌一次可以生長多達
三十幾個珍珠，這種無核的養殖，可產出圓形、鈕扣形、土豆
形、長卵形等各種不同形狀的珍珠。採收篩選後質量好的往往不
到產量的十分之一，使得高品質的淡水養殖珍珠和海水養殖珍珠
一樣珍貴難得。現今中國已經成為全世界最大的淡水養珠供應
國。

■養珠的類型

珍珠的天然色澤是由蚌殼的品種來決定，生長環境、水質成分
和區域對蚌類品種及產出珍珠也有影響；
養珠大致被分成四大類別：

1.阿古屋珠（Akoya Pearl）

阿古屋海水養殖真珠主要產於日本海
域，所以又稱為「日本珠」，平均尺寸直
徑為6～9mm，日本養珠生長速度較為緩
慢但質地細緻，蚌殼本身也較嬌小，大於
10mm的日本珠就很珍貴。優質、體色潔
白伴隨著玫瑰泛光，表皮的光澤透著鏡面　　陸啟萍設計

陸啟萍設計

的質感,是日本海水養殖珍珠的特色。

2.南洋珠(South sea pearl)

　　白色、金色的南洋珠主要產在澳洲、菲律賓群島及印尼海域。珍珠的大小由大珠母貝(Pincata maxima)的蠔貝大小來決定,而珍珠的顏色則和蠔殼

珍珠層的顏色是一致的。一般來說南洋珠特有的金唇蠔及銀唇蠔尺寸較大，所以產出的珠子商業尺寸多見13mm以上。

3.大溪地黑珍珠（Tahiti pearl）

　　黑珍珠產於庫克群島法屬玻里尼西亞一帶，最小尺寸約9.5mm，由黑蝶貝（Pinctada margaritifera）培育養殖出的珍珠會有一種層次感，黑的體色上帶有綠色、粉紅色、藍色宛如孔雀開屏的伴色，珍珠市場以「孔雀綠黑珍珠」來形容帶有綠色泛光之上好品質的黑珍珠。

4.淡水珍珠（Fresh water cultured pearl）

　　專產淡水珍珠的主要河蚌貝類有三角帆蚌、褶紋冠蚌、許氏帆蚌，這個品種改良過的蚌類存活率高且管理容易。淡水養珠通常無核且顏色多樣，商業尺寸大小1～12 mm，形狀從不規則到圓形的都有。在不斷的品種改良以及提升質量的努力下，優質淡水珠在精品市場中已經能和海水珠平起平坐，最近的大型作品中就看到許多12mm以上淡水及海水養珠共同搭配的貴重珠寶設計作品。

（shareandgive珠寶提供）

5.其他珍珠類型

　⑴克旭珠和籽珠（Keshi and Seed pearls）：克旭珠—是養殖珍珠意外生成的副產品，顆粒小、無核、形狀不規則、顏色豐富且光澤特佳，是設計或串珠時的好選擇。籽珠—是產於淡水或海水的蚌貝，尺寸通常不到2mm大小，外形從圓到不規則都有。

　⑵馬貝珍珠（Mabé pearl）：馬貝珍珠又稱半貝珠或組合養珠，和放置珠核的概念相同，只是讓其附著在蚌殼內壁部位長成，

切割下來尺寸通常到18mm之大。

(3)鮑貝珍珠（Abalone Pearls）：鮑魚珍珠生長於一種絢爛色彩的鮑魚貝，七彩不規則的流動狀紋路讓人一眼就能認出。鮑魚貝是單殼軟體動物，所以鮑魚養殖珠常是附著在殼的內側通常呈扁型或半凸圓面型。

(4)海螺珍珠（Conch Pearl & Melo Melo Pearls）：海螺珍珠又稱孔克珠或粉紅珍珠（pink pearl），產自於海中的鳳凰螺。它的表面沒有珍珠層而

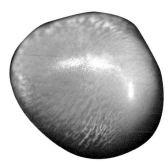

孔克珠

是有如瓷器的光澤，纖維狀火焰般的圖案紋路，外形不規則或呈橢圓形。孔克珠產於西印度洋、佛羅里達州沿岸、中南美洲、加勒比海的海域，由於孔克珠產量十分稀少，養殖的部分2009年時尚於研究實驗階段。

稀有珍貴呈現黃色到橘色圓形的美樂珠（Melo Pearl）產自一種生長在緬甸、泰國或越南等東南亞海域的單殼軟體動物椰子渦螺，橙色的美樂珠也是呈現火焰般的表面紋路，

美樂珠

十分討人喜愛，在東方得到「火龍珠」的名號。

　　不怕人比人，就怕珠比珠。珠子單串或單顆看時各有各的好看，然而一旦一堆擺在一塊兒，這顆皮光好，那顆伴色強，在眼花撩亂之餘要注意哪幾項挑選重點呢？

■珍珠品質選購準則

1.形狀（Shape）

　　正圓是一般最受歡迎的外形，另還有橢圓（蛋形）形、梨形（水滴形）、鈕扣形、異形（巴洛克形）、隨形（包括奇形、棒形、十字形）等等。有些珠子會環繞著一圈圈的溝紋，在設計上更能發揮創意。

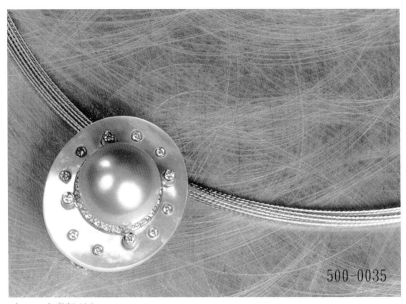

500-0035

（Nico珠寶提供）

2.顏色（Bodycolor）

　　珍珠最主要看的是整體顏色（體色），日本珍珠有粉紅、香檳、銀白等色系；南洋珠以白和金色為主，大溪地有名的就是黑珍珠；巧克力色和金色珠雖然多經過無法偵測的熱處理程序，但其討喜的色彩依舊受到大家的熱愛；淡水珍珠有白色或雜色，然而許多其他豐富色彩者都是染色而成，要多加注意分辨。

3.光潔度（Purity）

　　珍珠很少是完美無瑕的，或多或少會帶點表面特徵，像是斑點、細孔、刮痕、細紋等，小的坑洞常藉由打洞串珠和鑲嵌時被巧妙的遮蓋掉。

4.光澤（Luster）

　　光澤就是我們常說的「皮光」，珍珠表面的光澤反射越高越好。光澤的好壞和珍珠層的厚度有關，而不同類別的珍珠會呈現不同的光澤質感，像日本珠有鏡面般的光茫，南洋珠顯得溫潤，大溪地黑珍珠光澤較銳利。

5.泛光／伴色（Overtone）

　　伴色或稱泛光是指體色之上還帶有的一種半透明的色調，是珍珠層細密堆疊的邊緣造成光線繞射的結果。通常日本白色珍珠會帶有粉紅色、粉紫、米黃的泛光，南洋珠會有銀色的泛光，黑珍珠可能帶有綠色、藍色、紅色泛光，但不見得每一顆珍珠都會伴隨著泛光。

6.珠光／暈彩（Orient）

　　晃動珍珠時表面呈現彩虹般的光譜色變化表現。

7.大小（Size）

　　珍珠的尺寸體積是用「公釐」（mm）來計算，珍珠的大小是以珍珠的直徑為度量標準，店家會以這是「幾米」（millimeter）來表達，最小的計算單位是0.5mm。

8.「對稱性」

　　也是重要項目，配合上述的挑選重點，成對成串的珠子要找到光澤品質接近一致性，透過精細的分類排列配對才能搭配出最佳的珍珠首飾。

TIPS

93.吃珍珠粉真的可以美容養顏嗎？

　　相傳清朝慈禧太后服用珍珠粉美容養顏。珍珠的主要成分是角蛋白、牛磺酸等多種胺基酸，以及銀、硒、錳、鋅、銅等微量元素，真珠粉可以補充人體內微量元素和胺基酸的不足。當今的珍珠都是人工養殖，海水養珠的珠核來自淡水珠母貝，淡水珍珠的養殖湖池的污染程度無法測得，在整個處理過程中若技術掌握不夠好，稍有不慎會使珍珠產生腥味並變質毀損。在提煉過程中是否能達到了去除珍珠粉末中所含的重金屬成分與雜質是個更大的問題，珍珠粉的食用及使用不得不慎選。現代醫學已經證明過量的珍珠粉因含汞金屬，如果服用過量對人體有害。

紅寶星石
Star Ruby

紅寶星石

紅寶石內部的金紅石等針狀物讓紅寶呈現美麗的星光現象，和藍寶星石的星線光芒不同的是，紅寶星石的金紅石內含物呈現乳白色絲絨般細緻的質感。紅寶石是剛玉裡最貴重的一個分類，而顏色純正並且透明度高的紅寶星石因為十分少見所以價值不菲。

切成凸圓面的紅寶星石在筆燈或較聚集的光源照射下即可產生星光現象。在寶石內部富含細微金紅石針狀物以特定方向相互以60度及120度角來排列，在光源照射下依照所交叉的帶狀反光形成六道星光光芒。

寶石講求透明度，然而對於星光寶石除了要求透明度外，星線光芒更重要！通常越是透明，其星光的效果就會顯得越弱，如果想要有強烈的星線光芒現象，寶石本身的透明度可能就較低。因此同時具備良好的透明度和明顯的星線光芒的優質紅寶星石實屬難得。

　　紅寶的最重要產地緬甸也產優質但數量極少的紅寶星石，此外印度和斯里蘭卡的沖積礦床也產出紅寶星石。

　　紅寶星石熱處理去除紫色調的限度在1300℃左右，超過了這個溫度後星光會跟著流失掉，原本不夠明顯的紅寶星石就會以加熱的方式捨星光而求色彩。另外火焰法能製作出合成紅寶星石，在製作過程中添加微量的鉻和氧化鈦可形成合成紅寶星石。一般合成星石的星線顯得過於銳利完整也較細，從不同的方向甚至可能看到許多星線重疊。另外珠寶市場曾經出現過一種細膩的精工模仿技術，在凸圓面的寶石表面，手工刻上極細的三組相交的細線，在光線照射下，也能夠產生相當逼真的六至十二道星芒。

TIPS

94. 18K金和750是一樣的嗎？

　　這兩者是一樣的，只是不同的表示方式；就像純黃金有的用999.9表示，有的用24K表示純金度。18K金是在24份純金中純金含量占18份，另外6份則是其他合金（銅、銀等等）。如果以千分位表示，18K金就是在1000份裡占了750份的純金。在純黃金中加入合金金屬，其目的是增加金屬的硬度及改變金屬顏色。

藍寶星石
Star Sapphire

藍寶星石（吳照明提供）

傳說中星光藍寶石三條相交的光芒代表著希望（hope）、信念（faith）與命運（destiny），星光藍寶石長久以來被視為「命運之石」（Stones of Destiny）護身符。

　　藍寶星石是藍寶石的現象寶石，在筆燈或較集聚光源的照射之下可見星光現象。藍寶星石內裡富含三組細微的金紅石針狀物，相互以60度及120度交角排列，在光源照射下依照所交叉的帶狀反光形成六道星光光芒，有時偶見十二道的星光。

　　藍寶星石多切成凸圓面，切割師為了要使星線位於正中央，切磨時除了要特別注重方向外，還常會保留較多的底部，一方面是為了保留重量，二來是因為有足夠的厚度才能讓足夠的絲狀物產生星光現象。市面上較常見藍寶星石的大小在1～10克拉之間。選購藍寶星石首重星線光芒的明顯完整，其次寶石本身的透明度及色彩的濃度也十分重要。

　　藍寶星石的優化處理方面，能加熱處理到大約

265

1300℃後再控溫降溫，讓鈦元素聚集以形成星線光芒的藍寶星石；或是以擴散處理的方式加熱到1900℃，使氧化鈦進入藍寶石的表層再以熱鍛來形成金紅石針狀物質，以達到人工星光的效果。一般以人為處理而形成的藍寶星石或合成星光藍寶石，星線光芒過於銳利而顯得不自然。

　　斯里蘭卡不僅盛產藍寶石，也是世界知名的藍寶星石產地。非洲馬達加斯加礦區出產的藍寶星石無論產量和品質也頗具實力。

TIPS

95.為什麼同樣是圓型的珍珠，日本的珍珠又小又貴？

　　不同的水域培養大小、種類不同的蚌類，不同的蚌種培育出不一樣的珠子。通常培育日本真珠的蚌類是屬於比較小品種的，這是為什麼日本珠都比較小。至於價錢則是由市場供需決定，不同的東西，很難放在一起比較品質及價位。

星光透輝石
Star-Diopside

星光透輝石

透輝石也有星石現象和貓眼現象的寶石類別，透輝石的星光效果通常是黑色體色上呈四條星光現象，以75和105度相交，定向排列的磁鐵礦針狀物產生星光，同時附有磁性也是星光透輝石的特點之一。貓眼現象的透輝石，是因含有大量定向排列管狀內含物或片狀內含物而形成的特殊現象；在切磨星光透輝石時，取其一個角度保留單線的光學效應也能形成貓眼。

星光、貓眼類型的透輝石多產於印度，具有貓眼或星石的透輝石，是收藏家珠寶盒中必有的寶石。

TIPS

96.純銀和紋銀有什麼不同？

純銀是銀含量高達999.9的銀，通常以1000單位表示；紋銀是清朝時流通的貨幣，純銀含量占1000份裡的925份，75份是其他金屬。英文裡紋銀的專有名詞是「Sterling Silver」，在臺灣，一般稱925銀為純銀，指的是含銀量占925的銀。

日光石
Sunstone

日光石

長石族礦石裡的許多分類擁有特殊的現象，著名的有月亮泛光般的月光石、七彩泛光的拉長石（又名鈣鈉斜長石）、天河石（又名亞馬遜石）及日光石（又稱日長石或太陽石），個個獨具特色，展現不同的特殊現象。

和月光石相對應的日光石，除了有著陽光般和暖的體色，還有如陽光撒在水面上那種波光粼粼鮮活閃爍的灑金現象十分迷人。據說在印度日光石是被用在祭典儀式上的聖物，能夠帶給人生命力。

日光石有黃、橙、紅到褐色等不同的體色，有些不具有能形成反射的板狀內含物，而那些內含大量的針鐵礦、赤鐵礦或銅等等的內含物，正是耀眼灑金現象形成的原因。橙紅色的日光石由於它鮮豔的色彩足以媲美紅色尖晶石甚至是紅寶石，雖然硬度6～6.5顯得嬌嫩，而和昂貴的剛玉比起來是個能享有美豔色澤價格卻又很平實的寶石，在美國市場深受歡迎，具有市場開發潛力。

印度、北美地區、挪威等地皆產出日光石，因產地的不同顯現的特徵外觀也不盡相同。美國奧勒岡州產的日光石因色澤飽滿並有灑金現象而頗具盛名。西元2002年在剛果等地出現新的礦床，產出的日光石以安地斯山脈的中長石為名，在市場稱為安德森日光石

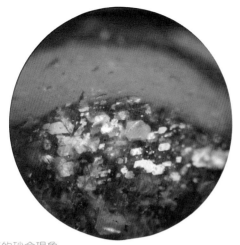

日光石的砂金現象

（Andesine Sunstone），這種日光石有橘～紅色的外觀，淨度佳同時也有少量具有雙色到變色的現象，根據研究報導表示安德森日光石可以經過銅元素的熱擴散處理來改變色彩。

TIPS

97.寶石能不能曬太陽，聽說有些顏色會不見？

是的，有些寶石遇光遇熱會改變顏色，其中最著名遇熱會變色的寶石是摩根石（Morganite）。

虎眼石
Tiger-Eye Quartz

虎眼石

虎眼石又叫作「虎睛石」以及鷹眼（或稱隼眼石），它們眼線的形成是因為大地造物時，石英置換了青石棉的纖維狀結構導致，而後礦石內的氧化鐵讓虎眼石產生了金黃色、褐色、藍色等的體色。這樣的礦石材料不需要切成凸圓面的型態，其平行排列的纖維結構就能顯現出較粗獷的眼線現象。

　　虎眼石常被漂白成較淺的顏色後染成各種不同的顏色；市面上常看到的一些紅褐色虎眼石，多是加熱後氧化鐵產生作用的結果。別以為這種寶石只是經濟實惠又大方的居家擺飾，它可同時是珠寶品牌設計首飾的座上賓哦！

　　除了虎眼石英外，石英裡還有兩個值得一提的貓睛光現象寶石：藍色調的鷹眼石（hawk's eye）和貓眼石英（cat's-eye quartz）。品質很優的貓眼石英的必要條件是眼線銳利，加上相當透明的體色，還真可以媲美金綠玉貓眼寶石！

TIPS

98.「窮人的白金」指的是什麼？

　　純銀在所有金屬中具有最高的亮度並延展性佳，只是在海島型氣候的臺

灣，銀飾品比較容易產生氧化的現象而需要時常保養。為了改善銀容易氧化的問題，在金屬加工的後段程序中，將銀飾品鍍上一層貴金屬「鈀」，一來增加了表面的硬度之外，也形成了一層抗氧化的保護膜，並且使色澤看起來就像白K金，由於銀的價格不像黃金那樣昂貴，因此有人戲稱為「窮人的白金」。

玳瑁
Hawksbill、Tortoise shell

玳瑁紋路

　　古董珠寶裡常見到玳瑁殼製成的菸盒、鏡框、髮飾等生活實用的器物，然而自1975年起受到世界保育法保護後，玳瑁的產品就很少出現於市場。玳瑁殼的美麗質感紋路，在禁止獵捕後帶出了多種以賽璐璐、電木塑膠、酪蛋白等塑性材料的仿造製品。

　　玳瑁頭部較小，喙尖且下鉤，形狀有如鷹的嘴形，因此英文名為「鷹嘴龜」（Hawksbill turtle），熱帶及亞熱帶的海域都可見到牠的蹤影，以淺水沙質海岸及珊瑚礁為棲息繁殖地。在現有海龜中，玳瑁是背甲色彩最豐富的種類，背甲殼呈覆瓦狀的疊合排列，角質較其他種類厚並帶有紅棕色和黑色放射狀的琥珀色條紋，在放大觀察下能見隨機散布的球體小點。韌度相當好的玳瑁火烤時會發出有如頭髮的燒焦味，放置於熱水中也會釋出類似的蛋白質氣味，這些特徵十分容易和其他外觀擬真的塑料類材質區分開來。

TIPS

99.佩戴「玉」真的可以保身避邪嗎？

自古以來就有佩戴玉石可以防身避邪的說法，對於無法經由科學驗證的事，只能說心誠則靈，因為相信所以就有安定心靈的作用。

chapter 9

其他寶石

玻璃
Glass

玻璃

早在五千多年前美索不達米亞古希臘的年代，人們在燒陶的過程中從無意間發現一顆晶亮的珠子開始，就知道當氧化矽和天然鹼混合高溫中溶化後能產生這種光亮的物質，玻璃在人類的生活中開始占有了一席之地。

從生活用品到藝術精品，玻璃工藝製品一度視為外交禮節和禮贈品的首選。當今，人們習慣稱沒有顏色為「玻璃」，而稱呼有顏色的彩色玻璃為「琉璃」。

玻璃在古時候曾經是十分珍貴寶貝的，可從歐洲各大主教身上的重要配件到東方具有驅魔避邪的戰國古珠，都是各種不同配方製成的玻璃飾品而得到印證。

玻璃分為「天然玻璃」（Natural）和「人造玻璃」（Manmade）兩個種類。天然玻璃包括於本書中提到的「玻璃隕石」以及「黑曜岩」，人造玻璃的部分就以「玻璃」稱之。不論是天然或是人工玻璃，二氧化矽皆是兩者的主要成分。在製造人造玻璃的過程中加入一定比例的氧化鉛能增加玻璃的亮度，許多我們常用的洋酒酒杯就是屬於這類高鉛玻璃或被稱為水晶玻璃。

人造玻璃是所有寶石的模仿大師，在不同的配方調製之下，玻璃能被製作成各種顏色、各種現象，任何透明度甚至是具有火彩表現的仿製品。透明的玻璃添加微量的金屬元素就能使其產生

繽紛的顏色，例如添加鈷或鐵形成藍色，添加金元素形成紅色。常見的玻璃處理（美化）方式有在玻璃底部塗層或以金屬薄片襯底來增加反光效果。一般珠寶市場上常見到以紅曜石、綠曜石或藍曜石為名製成的飾品，雖然打著天然玻璃的名號，然而實為人造玻璃的工藝製品。

藍曜石是人造玻璃，偶爾會析出脫玻化的結晶，狀似綿花十分美麗。（吳崇剛提供）

玻璃貓眼是一種利用平行管狀玻璃加熱加壓拉製而成的光纖玻璃，纖維的平行排列在光源下看起來顯示顯著的貓眼效應，這類製品常出現於旅遊區藝品店。

含有三角銅片、砂金效應的玻璃，市場名稱為「金星石」，常見金銅或黑色的種類。

TIPS

100.施華洛世奇水晶是天然的寶石嗎？

被稱作施華洛世奇水晶的東西其實是加了高鉛的玻璃，加鉛的目的是提高玻璃的折射值，折射率高於一般玻璃製品，較不易被看穿，所以看起來特別的晶亮。雖然含鉛量高於一定程度的玻璃在某些地區明文規定能夠稱為水晶，但實為具有高亮度的玻璃，所以施華洛世奇水晶的本質是玻璃。

琉璃工藝大師黑木國昭作品「光琳」（黑木國昭提供）

塑膠
Plastic

普普風壓克力手飾

可別將塑膠視為一種便宜的材料或是純粹的替代品,其實許多塑料的材料並不便宜,但是塑膠的確是個更為經濟而且設計運用範圍相當寬廣的選擇。在五〇年代,塑膠這個人造材料製作而成的珠寶首飾風行一時,就連重視整體造型的前美國第一夫人賈桂琳,總是選擇大方又經濟的Custom Jewelry來搭配服飾突顯自己的風格及美感,這其中許多都是塑膠製成的首飾物件。

塑膠同樣也被製作用以模仿許多天然寶石,有些真是唯妙唯肖,任何一種透明度、所有顏色、各種質感,不仔細鑑別還真的能以假亂真。常見的塑膠仿製品有琥珀、蜜蠟、珊瑚、珍珠、瑪瑙天珠、蛋白石等等應有盡有。

一般的塑膠製品會有一些典型的特徵,如氣泡、流動紋路、壓模製成後的收縮痕、圓鈍稜角的或

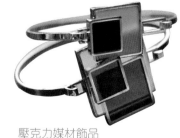

壓克力媒材飾品

粗糙的表面，但是精緻的壓克力製品，能有玻璃光澤般的外觀，是比較不會出現前述的塑膠製品特徵。

101.黑珊瑚是不是珊瑚？

珊瑚分「硬蛋白質」和「碳酸鈣質」兩種不同成分組成的種類，黑珊瑚屬於硬蛋白質的品種，一樣有樹枝狀成長的外觀，有一顆顆突起的丘疹狀結構，從橫切面觀察可看到同心圓生長的紋路，整顆珊瑚的形狀看起來和紅珊瑚一樣像一棵樹。黑色珊瑚常被漂白成金色，呈現出一種亮的金黃色，和黑珊瑚同種類的金珊瑚有所區別。

附録

appendix

寶石鑑定書、鑽石分級報告書範例說明

　　亞洲珠寶市場裡，鑽石分級報告書以GIA美國寶石學院的市占率最高。在臺灣，有許多鑽石分級報告書雖以國際分級的用語和標準，然而常見到不符合事實或提高等級的情形發生，稱為「跳級」，因此在惡性循環效應下，被稱為「臺證」者通常具有較低的鑑定分級信用度，不僅造成了消費者在選購判斷上的困擾，也同時影響到與國際標準同步的鑑定業者。

　　和鑽石分級報告書不同的，有色寶石的報告書是鑑定書，而非分出品質等級的分級報告書，所以鑑定書是依據寶石晶體的物理光學等特性，使用儀器與經驗來判斷出寶石的種別和類別，同時偵測其天然或合成、處理與否、產地來源等寶石的身分證明。國際彩寶市場上常見的鑑定證書以總部設在日內瓦的Gübelin（古伯林寶石實驗室）、泰國曼谷的GRS（寶石研究瑞士實驗）以及位於巴索爾的SSEF（瑞士寶石研究所）這三家皆來自瑞士品牌的鑑定單位最為流通和知名。

　　下列挑選出GIA、GRS、Gübelin和SSEF四種不同類型的鑑定書樣本，以直接翻譯的條列方式來說明鑑定書內所表示的內容。

GIA

1. 鑽石分級報告書（Diamond Grading Report——原文範本）

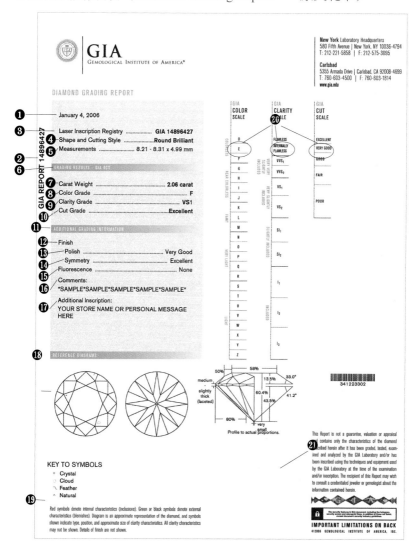

2. 鑽石分級報告書（Diamond Grading Report——原文範本之中文翻譯）

❶	日期	⑫	修飾
❷	GIA報告書編號	⑬	拋光
❸	雷射刻印登記	⑭	對稱
❹	形狀與車工形式	⑮	螢光反應
❺	尺寸	⑯	註釋
❻	GIA4CS結果報告	⑰	額外刻字
❼	克拉**重量**	⑱	參照圖示
❽	顏色等級	⑲	關鍵記號
❾	淨度等級	⑳	GIA顏色&淨度&車工分級表
❿	車工等級	㉑	實際比例剖面圖
⑪	附加分級資料		

⑴分項說明

❷鑑定書編號：可於GIA網站（http://www.gia.edu/reportcheck）查詢。

❺尺寸：即最小直徑－最大直徑×深度

❽顏色等級：從極白的D開始到淡黃的Z

　D.E.F：COLORLESS（無色）

　G.H.I.J：NEAR COLORLESS（近無色）

　K.L.：FAINT（微黃色）

　N.O.P.Q.R：VERY LIGHT（極淡的淡黃色）

　S.T.W.X.Y.Z：LIGHT（淡黃色）

❾淨度等級：鑽石淨度等級，以10倍放大鏡觀察為標準，共有11個等級：

　a.FL（Flawless，無瑕級）

　b.IF（Internally Flawless，內無瑕級）

c.VVS1（Very Very Slightly Included 1，極輕微內含一級）

d.VVS2（Very Very Slightly Included 2，極輕微內含二級）

e.VS1（Very Slightly Included 1，輕微內含一級）

f.VS2（Very Slightly Included 2，輕微內含二級）

g.SI1（Slightly Included 1，微內含一級）

h.SI2（Slightly Included 2，微內含二級）

i.I1（Included 1，內含一級）

j.I2（Included 2，內含二級）

k.I3（Included 3，內含三級）

⓾車工等級：共分5級，包括Excellent（極優）、Very Good（優良）、 Good（良好）、Fair（尚可）、Poor（不良）等。

⓬修飾評斷鑽石車工，包括表面磨光（Polish）與對稱性（Symmetry）的優劣狀態。

⓮對稱：共分5級，包括Excellent（極優）、Very Good（優良）、Good（良好）、Fair（尚可）、Poor（不良）等。

⓯螢光反應：鑽石在紫外光的照射下呈現出螢光反應的強度及顏色，共分為5級，包括None（無）、Faint（微弱）、Medium（中度）、Strong（強）、Very Strong（很強）等。

具有螢光反應的鑽石，在強度後面會註明螢光的顏色，通常為Blue（藍色）。

⓲關鍵記號：表示圖上符號所代表的淨度特徵。

⑵進階補充：

①Girdle腰圍：標示腰圍厚度與鑽石腰圍是否磨光。腰圍厚度從極薄到極厚分為8級：

a. Extremely Thin（極薄）	e. Slightly Thick（微厚）
b. Very thin（非常薄）	f. Thick（厚）
c. Thin（薄）	g. Very Thick（非常厚）
d. Medium（中）	h. Extremely Thick（極厚）

②鑽石腰圍是否磨光標示

a. Polished（拋光）	b. Faceted（刻面）

③Clet尖底：尖底的狀態，依序由無到大標示為：

a. None（無）	e. Large（大）
b. Very Small（很小）	f. Very Large（很大）
c. Small（小）	g. Extremely large（極大）
d. Medium（中）	

④彩鑽：半證／全證

⑤Clarity Characteristics（淨度特徵）

⑥Grade：在顏色等級中分為兩行

a.第一行：等級

⑴淡彩 Fancy Light	⑷暗彩 Fancy Dark
⑵彩 Fancy	⑸深彩 Fancy Deep
⑶濃彩 Fancy Intense	⑹豔彩 Fancy Vivid

b.第二行：顏色

⑴Origin（顏色來源）：Natural（天然）、Artificially Irradiated（人工輻照致色）、Undetermined〔不確定（無法判斷）〕

⑵Distribution（顏色分佈）：-Not Applicable（不適用）、-Even（均勻分佈）、-Uneven（不均勻分佈）

■SSEF

瑞士寶石學院（珍珠鑑定書範例——原文範本）

SCHWEIZERISCHES GEMMOLOGISCHES INSTITUT
INSTITUT SUISSE DE GEMMOLOGIE
SWISS GEMMOLOGICAL INSTITUTE

SSEF

❶ ⎰ Falknerstrasse 9
  ⎱ CH-4001 **Basel** / Switzerland

❷ ⎧ Telephone +41 061 262 0640
  ⎨ Telefax   +41 061 262 0641
  ⎩ e-mail   gemlab@ssef.ch
      homepage www.ssef.ch

❸ —— TEST REPORT No. 52369

❹ —— on the authenticity of the following pearls, strung on a necklace

❺ —— Shape: round to roundish and drop-shaped, drilled pearls

❻ —— Total weight: approximately 72.1 grams
                        (including threads, seed pearls and clasp
                        with emerald and diamonds)

❼ —— Diameters: approximately 9.95 - 10.25 - 14.75 - 10.60 - 9.30 mm

❽ —— Total length: approximately 48.5 cm

❾ —— Colour: slightly cream

❿ —— Identification: regularly graduated necklace of

              41 NATURAL PEARLS

Comments: The analysed properties confirm the authenticity
                 of these saltwater natural pearls.

⓫ —— Important note: The conclusions on this Test Report reflect our findings at the time it is issued. A pearl can be modified and / or enhanced at
          any time. Therefore, the SSEF can reconfirm at any time that the pearls are in accordance with the Test Report.

Please see comments on reverse side.

SSEF - SWISS GEMMOLOGICAL INSTITUTE
Gemstone Testing Division

Basel, 15 September 2008 cy

Dr. M.S. Krzemnicki, FGA   Prof. Dr. H.A. Hänni, FGA

287

瑞士寶石學院（珍珠鑑定書之中文翻譯）

❶	地址	❼	直徑
❷	通訊	❽	總長
❸	檢驗報告編號	❾	顏色
❹	鑑別以下所列之珍珠	❿	鑑定判定
❺	形狀	⓫	重要聲明：此檢驗報告為本單位發行鑑定報告時的結論。寶石可能在任何時候被修改或優化，因此，SSEF能隨時為其依據鑑定報告檢覆該寶石。
❻	總重		

■Gübelin Gemlab（套鍊鑑定書範例──原文範本）

GEMMOLOGISCHER BERICHT · RAPPORT GEMMOLOGIQUE
❶ ── **GEMMOLOGICAL REPORT**

❷ No.
Datum · Date

XX00015
15 January 2020

❸ Gegenstand
Objet
Item

One two-row necklace consisting of seventy-seven polished and drilled gemstones
(row A: 37, row B: 40).

❹ Gewicht
Poids
Weight

total weight of emeralds: 613.27 ct (as indicated by the client)

❺ Schliff
Taille
Cut

beads, polished

❻ Abmessungen
Dimensions
Measurements

from approximately 6.70 - 6.85 x 5.65 mm to 15.85 - 16.50 x 14.05 mm

❼ Transparenz
Transparence
Transparency

transparent

❽ Farbe
Couleur
Colour

green

❾ IDENTIFIKATION
IDENTIFICATION
IDENTIFICATION

NATURAL EMERALDS (BERYL)

Gemmological testing revealed characteristics consistent
with those of emeralds originating from:

Zambia

❿ Bemerkungen
Commentaires
Comments

Indications of minor to moderate clarity enhancement.
Natural emeralds are commonly clarity enhanced.

GEMMOLOGISCHES LABOR · LABORATOIRE GEMMOLOGIQUE · GEMMOLOGICAL LABORATORY
Maihofstrasse 102 · 6006 Lucerne · Switzerland · Tel. (41) 41 - 429 17 17 · Fax (41) 41 - 429 17 34
www.gubelingemlab.ch · info@gubelingemlab.ch

Dr. Daniel Nyfeler

Alessandro Spingardi, M.Sc.

Wichtige Anmerkungen und Einschränkungen auf der Rückseite · Remarques au verso · Important notes and limitations on the reverse.
Copyright©2007 Gübelin Gem Lab Ltd.

套鍊鑑定書之中文翻譯

❶	寶石報告書	❻	尺寸
❷	日期	❼	透明度
❸	項目	❽	顏色
❹	重量	❾	鑑定結果
❺	車工	❿	註釋

■GRS鑑定書（原文範本）

GRS鑑定書之中文翻譯

❶	寶石報告書	❽	產地「來源」
❷	德文	❾	重量
❸	法文	❿	尺寸
❹	編號	⓫	切工
❺	日期	⓬	形狀
❻	物件	⓭	顏色
❼	鑑定「判定」	⓮	註釋

1.進階說明

　(1)No indication of thermal treatment 沒有發現熱處理跡象

　(2)紅藍寶

　　①H：熱處理、無殘留物

②E或H（a）：熱處理、微量殘留物（裂縫癒合處有硼砂等殘留物）

③E或H（b）：熱處理、少量殘留物（裂縫癒合處有硼砂等殘留物）

④H（c）：熱處理、中量殘留物（裂縫或洞孔癒合處有硼砂或鉛玻璃等殘留物）

⑤H（d）：熱處理、多量殘留物（裂縫或洞孔癒合處有硼砂或鉛玻璃等殘留物）

⑶橙黃色剛玉／黃寶

①E（IM）：熱擴散處理（一度燒）（internal migration（diffusion））

②H（Be）：LIBS鈹擴散處理（LIBS激光誘導擊穿光譜儀）

⑷祖母綠

①CE（O）：浸油（優化）處理

　a. None.（無）

　b. Insignificant.（微）

　c. Minor.（輕）

　d. Moderate（中）

　e. Significant（重）

重量換算

■公制

1 kg 公斤　　= 1000 g 公克

1 g 公克　　 = 5 ct 克拉

1 ct 克拉　　= 100 pt 分

　　　　　　 = 4 pearl grain 珍珠格令

　　　　　　 = 0.2g 公克

1 pt 分 = 0.01 ct 克拉

1 pearl grain 珍珠格令 = 0.25 克拉 = 0.05 公克

■英美（金衡）

1 磅（1b.t）= 373 g 公克

1 盎司 = 31.1035 g 公克 = 20 dwt 英錢

■台兩和盎司、港兩

1 公斤 = 1000 公克 = 32.148 盎司 = 26.6667 兩 = 26.7167 港兩

1 兩 = 37.5 公克 = 1.2054 盎司 = 10 錢 = 1.0019 港兩

1 盎斯 = 31.10348 公克 = 0.8310 港兩 = 0.82944 兩

1 港兩 = 37.429 公克 = 0.9981 兩 = 1.20337 盎斯

1 盎司 = 8.2944 錢　　1/2 盎司 = 4.1472 錢　　1/4 盎司 = 2.0736 錢

1 公斤 = 266.667 錢　1 兩 = 37.5 公克　　　　1 錢 = 3.75 公克

1 兩 = 10 錢　　　　1 錢 = 10 分　　　　　1 分 = 10 厘

1 厘 = 10 毛

英漢對照

英	中	縮寫	註
Kilogram	公斤	kg	
gram	克	g	
pound	磅	lb	
ounce	盎司	oz	又稱英兩 oz.t
jin	斤		中國制（一斤＝0.5公斤）
liang	兩		中國制（一兩＝50克）
catty	斤（港）		香港制（1斤＝0.605公斤）
tael	兩（港）		香港制（1兩＝37.8克）
carat	克拉(卡)	ct	量度鑽石、寶石重量
Karat	K金	K	黃金比例用語
Platinum	鉑金	Pt	鉑金比例用語

鍊子長度對照表

名稱	長度對照說明
手鍊Bracelet	6～8寸（約15～21公分）
腳鍊Anklet	9寸（約22公分）
衣領鍊Collar	12寸（約30公分）
貼項鍊Choker	14～16寸（約35～40公分）
公主鍊Princess	16～17寸（約40～43公分）（以珍珠項鍊為主）
瑪蒂妮鍊Matinee	20～24寸（約50～60公分） 又稱日裝或晨裝項鍊（以珍珠項鍊為主）
禮服鍊Opera	8～32寸（約70～80公分）
索鍊（結繩鍊）Rope	42寸（約107公分）
長結繩鍊Long-Rope	比結繩鍊更長的尺寸，能繞圈搭配
等差珠串或稱塔鍊Graduation	中間珍珠為最大顆，順著左右兩端漸小，17～18寸（約43～45公分）
均一珠串Uniform	短者稱項鍊，長者稱長鍊

戒指尺寸對照表

冰冰的手和溫暖的手或季節溫差會影響量戒圍時的大小，另外各家製作尺寸皆有些許差異，此表數據僅供參考。

美國圍	國際圍	港戒圍	日本圍	戒指內徑cm	內圍直徑cm
#2	#4		#1	4.1	1.3
#2.5	#5		#3	4.25	1.35
#3	#6		#5	4.39	1.4
#4	#7	#8	#6	4.55	1.45
#4.5	#8	#9	#7	4.71	1.5
#5	#9	#10	#9	4.87	1.55
#6	#10	#12	#11	5.02	1.6
#6.5	#11	#14	#13	5.18	1.7
#7	#12	#15	#14	5.34	1.75
#7.5	#13	#16	#15	5.5	1.8
#8	#14	#17	#17	5.65	1.85
#9	#16	#19	#19	5.81	1.95
#9.5	#16.5	#20	#21	5.97	2.0
#10	#18	#21	#22	6.12	2.05
#10.5	#18.5	#22	#23	6.28	2.1
#11	#20	#23	#24	6.44	2.15
#11.5	#20.5		#26	6.59	2.2
#12	#21			6.75	2.25

玉鐲手圍尺寸表

手圍的圓周量法：用布尺繞自已縮尖起來的手掌一圈量出圓周長度

例：用布尺量手圍是16公分，換算為尺板如下：

尺版 =（16cm÷3.14159圓周率÷0.30303公尺）= 16.8號

註：每個人的手掌與手腕的比例各有不同，需依狀況來調整估算大小。

手圍號數（內圍尺寸） 內徑寬度（內部直徑）	15號 47mm	16號 49mm	16.5號 50.5mm	17號 52mm
手圍號數（內圍尺寸） 內徑寬度（內部直徑）	17.5號 53.5mm	18號 55mm	18.5號 56.5mm	19號 58mm
手圍號數（內圍尺寸） 內徑寬度（內部直徑）	19.5號 60mm	20號 61.5mm	20.5號 63mm	21號 64.5mm
手圍號數（內圍尺寸） 內徑寬度（內部直徑）	21.5號 66mm	22號 67.5mm	22.5號 69mm	23號 70.5mm

生日石

　　生日石因國別、文化、宗教、習慣的不同而有所差異，每種寶石不同的質感及美感不只成為傳達情意的好物，更加強了帶來幸運、避邪，成為一種護身符的信念。

月　　　份	代表寶石	代表意義
一月（January）	柘榴石	忠實、友愛、貞節
二月（February）	紫水晶	誠實、平和的心
三月（March）	珊瑚、碧玉、海水藍寶	長壽、智慧、勇敢沉著
四月（April）	石英、鑽石	清淨無垢、永恆
五月（May）	祖母綠、翡翠	幸福、純善、幸運
六月（June）	珍珠、月光石	富有、健康、愛的預感
七月（July）	紅寶石、紅玉髓	熱情、堅忍、威嚴、仁愛
八月（August）	橄欖石、縞瑪瑙	夫婦愛、豐饒
九月（September）	藍寶石、青金石	誠實、德望、慈愛
十月（October）	蛋白石、電氣石（碧璽）	歡喜心、希望、傳遞情感
十一月（November）	拓帕石、黃水晶	友情、繁榮
十二月（December）	土耳其石、丹泉石	成功的保證

結婚紀念寶石

這些國際代表性的寶石成為結婚紀念的象徵，也有許多人以這些寶石當作各種紀念慶賀的贈禮。

週年	代表寶石	週年	代表寶石
1	金飾、淡水珠	18	貓眼、蛋白石
2	柘榴石、粉晶	19	海藍寶石、拓帕石
3	珍珠、水晶	20	祖母綠、鉑金
4	藍色拓帕石、紫水晶	21	董青石
5	藍寶石、土耳其石	22	尖晶石
6	紫水晶、柘榴石	23	帝王拓帕石、藍寶石
7	黑瑪瑙、銅飾、青金石	24	丹泉石
8	碧璽、灑金石英、青銅飾品	25	銀飾
9	青金石、虎眼石	30	珍珠、玉、鑽石
10	鑽石、黑瑪瑙	35	祖母綠、玉、珊瑚
11	土耳其石、赤鐵礦	40	紅寶石
12	玉、瑪瑙、珍珠	45	藍寶石、亞歷山大變石
13	黃水晶、月光石、孔雀石	50	金飾
14	蛋白石、象牙、苔紋瑪瑙	55	亞歷山大變石、祖母綠
15	紅寶石、水晶、手錶	60	鑽石
16	橄欖石、海藍寶石	65	藍寶星石
17	紫水晶、黃水晶、手錶	75	鑽石

101寶石特性檢索表

	寶石名	化學成分	晶系晶性	硬度	折射率	折斷率差	比重	螢光反應	市場名稱	優化處理
Red-Pink 紅										
Almandite Garnet	鐵鋁榴石	$Fe_3Al_2(SiO_4)_3$	矽酸鐵鋁	立方晶系	7-7.5	1.79	無	4.05	無	貴榴石	
Bixbite/Red Beryl	紅色綠柱石	$Be_3Al_2(SiO_3)_6$	六方晶系	7.5-8	1.577-1.583	0.006-0.009	2.72	無-強	光玉髓	
Chalcedony/Jasper	紅玉髓/碧玉	SiO_2	矽酸鹽	聚成岩六方晶系	6.5-7	1.535-1.539	0.004-0.004	2.6	無-中等	瑪瑙	熱處理
Coral/Oxblood	紅珊瑚	$CaCO_3$	碳酸鈣質	聚成岩	3.5-4	1.486-1.685	0.172	2.65	無-強		染色
Kunzite/Spodumene	孔賽石/鋰輝石	$LiAlSi_2O_6$	矽酸鋰鋁	單斜晶系	6.5-7	1.660-1.676	0.014-0.016	3.18	無-強		輻照
Morganite/Beryl	摩根石/綠柱石	$Be_3Al_2(SiO_3)_6$	矽酸鈹鋁	六方晶系	7.5-8	1.577-1.583	0.005-0.009	2.72	無-強		輻照
Pink Sapphire	粉紅藍寶石/剛玉	Al_2O_3	氧化鋁/鋁氧化物	六方晶系	9	1.762-1.770	0.008-0.010	4	無-強	粉剛	熱處理、擴散處理、充填
Pyrope Garnet	鎂鋁榴石	$Mg_3Al_2(SiO_4)_3$	矽酸鎂鋁	立方晶系	7-7.5	1.746	無	3.78	無	紅榴石	
Rhodolite Garnet	鎂鐵榴石	$(Mg,Fe)_3Al_2(SiO_4)_3$	矽酸鎂鐵鋁	立方晶系	7-7.5	1.76	無	3.84	無		
Rhodonite	薔薇輝石	$(Mn,Fe,Mg,Ca)SiO_3$	偏矽酸錳	聚成岩三斜晶系	5.5-6.5	1.733-1.747	0.010--014	3.5		玫瑰石	
Rose Quartz	粉晶/石英	SiO_2	二氧化矽	聚成岩六方晶系	7	1.544-1.553	0.009	2.66	無-弱		輻照
Rhodochrosite	菱錳礦	$MnCO_3$	碳酸亞錳	六方晶系	3.5-4.5	1.597-1.817	0.22	3.6	無-中		
Rubilite/Tourmaline	紅色電氣石	$(BO_3)_3(Si,Al,B)_6O_{18}(OH,F)_4$	複雜結構的硼矽酸鋁	六方晶系	7-7.5	1.624-1.644	0.018-0.040	3.06	無-弱	紅寶碧璽	輻照、充填
Ruby	紅寶石	Al_2O_3	氧化鋁	六方晶系	9	1.762-1.770	0.008-0.010	4	無-強		熱處理、擴散處理、充填
Spinel	尖晶石	$MgAl_2O_4$	鎂氧化物	立方晶系	8	1.718	無	3.6	無-強		
Topaz	拓帕石	$Al_2(SiO_4)(F,OH)_2$	輕基氟矽酸鋁	斜方晶系	8	1.619-1.627	0.008-0.010	3.53	無-中	黃玉	輻照加熱

	寶石名	化學成分	晶系習性	硬度	折射率	折射率差	比重	螢光反應	市場名稱	優化處理
Yellow-Orange-Brown 黃橙棕										
Agalmatolite	壽山石	$Al_4(Si_4O_{10})(OH)_8$	高嶺土、伊利石、葉臘石等	聚成岩單斜晶系	2.5	1.552-1.6	0.048	2.8	無-中		
Agate	瑪瑙	SiO_2	二氧化矽	聚成岩六方晶系	6.5-7	1.535-1.539	0.000-0.004	2.6	無-中		熱處理、染色
Amber	琥珀	$C_{10}H_{16}O$	樹脂化石	非晶質	2-2.5	1.54		1.08	無-強		熱處理、染色、組合
Andalusite	赤柱石	Al_2SiO_5	矽酸鋁	斜方晶系	7-8	1.634-1.643	0.007-0.013	3.17			
Andradite Garnet	鈣鐵榴石	$Ca_3Fe_2(SiO_4)_3$	矽酸鈣鐵	立方晶系	6.5-7	1.888		3.84	無		
Chalcedony	玉髓	SiO_2	二氧化矽	聚成岩六方晶系	6.5-7	1.535-1.539	0.000-0.004	2.6	無-中		熱處理、染色
Chrysoberyl	金綠玉	$BeAl_2O_4$	鈹鋁氧化物	斜方晶系	8.5	1.746-1.755	0.008-0.010	3.73	無-弱		
Citrine	黃水晶	SiO_2	二氧化矽	六方晶系	7	1.544-1.553	0.009	2.66	無-弱		熱處理、輻照
Coral（Conchiolin）	金珊瑚	$C_{32}H_{48}N_2O_{11}$	硬蛋白質	聚成岩	3	1.560-1.570		1.35	無		
Danburite	賽黃晶	$CaB_2(SiO_4)_2$	硼矽酸鈣	斜方晶系	7	1.630-1.636	0.006	3	無-強		
Grossularite garnet	鈣鋁榴石	$Ca_3Al_2(SiO_4)_3$	矽酸鈣鋁	立方晶系	7-7.5	1.74		3.61	無-中		
Heliodor Beryl	黃色綠柱石	$Be_3Al_2Si_6O_{18}$	矽酸鈹鋁	六方晶系	7.5-8	1.577-1.583	0.005-0.009	2.72	無-強		
Padparadscha	帕帕拉恰藍寶	Al_2O_3	氧化鋁/氫氧化物	六方晶系	9	1.762-1.770	0.008-0.010	4	無-強		熱處理、鈹處理
Pyrope-Spessartite	鎂鋁-錳鋁榴石（馬來亞）	$(Mn/Mg)_3Al_2(SiO_4)_3$	複合矽酸鹽	立方晶系	7-7.5	1.759		3.78		馬來亞	
Scapolite	方柱石	$(Na, Ca)_4[Al(Al, Si)Si_2O_8]_3(Cl, F, OH, CO_3, SO_4)$	複雜鈉矽酸鈣鋁	四方晶系	6-6.5	1.550-1.584	0.004-0.037	2.68	無-強		
Spessartite garnet	錳鋁榴石	$Mn_3Al_2(SiO_4)_3$	矽酸錳鋁	立方晶系	7-7.5	1.81		4.15	無-強	荷蘭石	

	寶石名	化學成分	晶系習性	硬度	折射率	折射率差	比重	螢光反應	市場名稱	優化處理
Sphene/Titanite	榍石	CaTiSiO₃ 矽酸鈦鈣	單斜晶系	5-5.5	1.880-2.054	0.100-0.135	3.52	無		
Topaz	拓帕石	Al₂(SiO₄)(F, OH)₂ 羥基氟矽酸鋁	斜方晶系	8	1.619-1.627	0.008-0.010	3.53	無-中	黃玉	
Green-Yellow green- 黃綠色綠-藍綠色										
Chrome / Tourmaline	鉻綠碧璽	(AlFe₃,Cr)₆(BO₃)₃Si₆O₁₈(OH)₄ 複雜結構的硼矽酸鋁	六方晶系	7-7.5	1.624-1.644	0.018-0.040	3.06	無-弱		
Chrysoprase	綠玉髓	SiO₂ 二氧化矽	聚成岩六方晶系	6.5-7	1.535-1.539	0.000-0.004	2.6	無-中		
Demantoid garnet	翠玉榴石/鈣鐵榴石	Ca₃Fe₂(SiO₄)₃ 矽酸鈣鐵	立方晶系	6.5-7	1.888		3.84			
Diopside	透輝石	CaMgSi₂O₆ 矽酸鈣鎂	單斜晶系	5.5-6	1.675-1.701	0.024-0.030	3.29			
Emerald	祖母綠	Be₃Al₂(SiO₃)₆ 矽酸鈹鋁	六方晶系	7.5-8	1.577-1.583	0.005-0.009	2.72	無-強		充填、染色、浸油
Epidote	綠簾石	Ca₂(Al, Fe)₃(SiO₄)₃(OH) 矽酸鹽礦物	單斜晶系	6-7	1.728-1.768	0.019-0.045	3.4	無		
Green / Beryl	綠色綠柱石	Be₃Al₂(SiO₃)₆ 矽酸鈹鋁	六方晶系	7.5-8	1.577-1.583	0.005-0.009	2.72	無-強		
Grossularite andradite garnet	鈣鐵榴石	Ca₃Fe₂(SiO₄)₃ 矽酸鈣鐵	立方晶系	6.5-7	1.88		4.55			
Hiddenite Spodumene	翠綠鋰輝石	LiAlSi₂O₆ 矽酸鋰鋁	單斜晶系	6-7	1.660-1.676	0.014-0.016	3.18	無-強		熱處理、輻照
Hydrogrossular	水鈣鋁榴石	Ca₃Al₂(SiO₄)₃-x(OH)₄x 複雜結構的鈣鋁矽酸鹽	聚成岩立方晶系	7	1.72		3.47;	無		
Idocrase/ Vesuvianite	符山石	Ca₁₀(Mg, Fe)₂Al₄[SiO₄]₅[Si₂O₇](OH, F)₄ 複雜結構的鈣鋁矽酸鹽	四方晶系	6.5	1.713-1.718	0.001-0.012	3.4	無		
Jadeite/Jade	翡翠/硬玉	NaAlSi₂O₆ 鈉鋁矽酸鹽/輝石類	單斜晶系/聚成岩	6.5-7	1.660-1.680		3.34	無-強	翠玉	灌膠、染色、厚蠟
Malachite	孔雀石	Cu₂CO₃(OH)₂ 碳酸銅	單斜晶系/聚成岩	3.5-4	1.655-1.909	0.25-	3.95	無		

寶石名		化學成分		晶系習性	硬度	折射率	折射率差	比重	螢光反應	市場名稱	優化處理
Moldavite	玻璃隕石（摩達維石）	SiO₂('Al₂O₃)	天然玻璃	非晶質	5.5	1.49		2.36	無	隕石	
Nephrite/Jade	軟玉	Ca₂(Mg,Fe)₅Si₈O₂₂(OH)₂	矽酸鹽/角閃石類	聚成岩/單斜晶系	6-6.5	1.606-1.632		2.95	無		
Peridot	橄欖石	(Mg,Fe)₂SiO₄	矽酸鐵鎂	斜方晶系	6.5-7	1.654-1.690	0.035-0.038	3.34	無		
Prehnite	葡萄石	Ca₂Al(AlSi₃O₁₀)(OH)₂	矽酸鈣鋁	聚成岩/斜方晶系	6-6.5	1.616-1.649	0.020-0.031	2.9	無-弱		
Serpentine	蛇紋石/岫玉	[Mg,Fe,Ni]₃[Si₂O₅](OH)₄	含水的矽酸鎂礦物	單斜晶系	2-6	1.560-1.570	0.004-0.070	2.57	無-弱		
Sphene	榍石（鈦榍石）	CaTiSiO₅	矽酸鈣鈦	單斜晶系	5-5.5	1.880-2.054	0.100-0.135	3.52	無		
Tsavorite/Garnet	沙弗石/鈣鋁榴石	Ca₃Al₂(SiO₄)₃	矽酸鈣鋁	立方晶系	7-7.5	1.74		3.61			
Kosmochlore	鈉鉻輝玉/鈉鉻鈉長石		輝石類	聚成岩	6	1.53-1.74		2.77		乾青 /Maw sit sit	
Zoisite	黝簾石	Ca₂Al₃(SiO₄)₃(OH)	綠簾石群矽酸鹽礦物	斜方晶系	6-7	1.691-1.700	0.008-0.013	3.35	無	三色寶	
Blue-Blue green~Violet藍											
Amazonite/Microcline Feldspar	天河石	KAlSi₃O₈	矽酸鋁鉀	三斜晶系	6-6.5	1.522-1.530	0.008	2.56	無-弱	亞馬遜石	
Apatite	磷灰石	(Ca,Sr,Ba,Na,Ce,Y)₃[PO₄]₃(F,Cl,OH)	氟氯磷酸鈣	六方晶系	5	1.634-1.638	0.002-0.008	3.18	無-弱		
Aquamarine/Beryl	海藍寶石	Be₃Al₂(SiO₃)₆	矽酸鈹鋁	六方晶系	7.5-8	1.577-1.583	0.005-0.009	2.72	無-強		熱處理、充填
Blue Spinel	尖晶石	MgAl₂O₄	鎂鋁氧化物	立方晶系	8	1.718	無	3.6	無-強		
Chrysocolla in Chalcedony	藍玉髓/台灣藍寶	(Cu,Al)₂H₂Si₂O₅(OH)₄·nH₂O	二氧化矽	聚成岩/六方晶系	6.5-7	1.535-1.559	0.000-0.004	2.6	無-中等	台灣藍寶	染色
Iolite/cordierite	菫青石	Mg₂Al₄Si₅O₁₈	矽酸鎂鋁	斜方晶系	7-7.5	1.542-1.551	0.045-0.011	2.61	無		
Kyanite	藍晶石	Al₂SiO₅	矽酸鋁	三斜晶系	4-7.5	1.716-1.731	0.012-0.017	3.68	無-弱		

	寶石名	化學成分 mixture of	晶系習性	硬度	折射率	折射率差	比重	螢光反應	市場名稱	優化處理
Lapis Lazuli	青金石	含硫矽酸鈉　mixture of minerals$(Na, Ca)_8(Al, Si)_{12}O_{24}(S, SO_4)$ - FeS - $CaCO_3$	聚集岩	5-6	1.67		2.75	無-中		染色
Paraiba Tourmaline	帕拉伊巴電氣石	複雜結構的硼矽酸鋁　$(Ca, K, Na)(Al, Fe, Li, Mg, Mn)_3(Al, Cr, Fe, V)_6(BO_3)_3Si_6O_{18}(O, OH, F)$	六方晶系	7-7.5	1.624-1.644	0.018-0.040	3.06	無-弱	碧璽	熱處理
Sapphire	藍寶石	氧化鋁　Al_2O_3	六方晶系	9	1.762-1.770	0.008-0.010	4	無-強		熱處理、擴散處理、充填
Sodalite	方納石	矽酸鋁鈉　$Na_8Al_6Si_6O_{24}Cl_2$	立方晶系	5-6	1.483		2.25	無-弱		
Tanzanite/Zoisite	丹泉石	含水矽酸鈣鋁　$(Ca_2Al_3(SiO_4)(Si_2O_7)O(OH))$	斜方晶系	6-7	1.691-1.700	0.008-0.013	3.35	無		熱處理
Topaz	拓帕石	羥基氟矽酸鋁　$Al_2(SiO_4)(F, OH)_2$	斜方晶系	8	1.619-1.627	0.008-0.010	3.53	無-中	黃玉	輻照
Turquoise	土耳其石	含水銅鋁磷酸鹽　$CuAl_6(PO_4)_4(OH)_8*5H_2O$	聚成岩/三斜晶系	5-6	1.610-1.650		2.76	無-弱	綠松石	染色、穩定化處理
Zircon	鋯石	矽酸鋯　$ZrSiO_4$	四方晶系	6-7.5	1.925-1.984	0.00-0.059	4.7	無-中		熱處理
Blue red- Purple紫										
Amethyst	紫水晶	二氧化矽　SiO_2	六方晶系	7	1.544-1.553	0.009	2.66	無-弱		熱處理、輻照
Charoite	紫矽鹼鈣石	矽酸鹽礦物　$(K, Na)_5(Ca, Ba, Sr)_8(Si_6O_{15})_2Si_4O_9(OH, F)_{11}H_2O$	單斜晶系/聚成岩	5-6	1.550-1.559	0.009	2.58		紫龍晶（查羅石?）	
Fluorite	氟石	氟化鈣　CaF_2	立方晶系/成岩	4	1.434		3.18		螢石/七彩玉/彩玉/馮冷翠	
Jadeite	紫羅蘭翡翠硬玉	輝石類　$NaAlSi_2O_6$	單斜晶系/聚成岩	6.5-7	1.660-1.680		3.34	無-強		染色

English	寶石名	化學成分		晶系習性	硬度	折射率	折射率差	比重	螢光反應	市場名稱	優化處理
Kunzite / Spodumene	紫鋰輝玉 / 鋰輝石	$LiAlSi_2O_6$	矽酸鋰鋁	單斜晶系	6.5-7	1.660-1.676	0.014-0.016	3.18	無-強		熱處理、輻照
Purple Chalcedony	紫玉髓	SiO_2	二氧化矽	六方晶系/壓成岩	6.5-7	1.535-1.539	0.000-0.004	2.6	無-中等		染色
Scapolite	方柱石	$Na_4(AlSi_3O_8)_3Cl$, $nCa_4(Al_2Si_2O_8)_3(SO_4, CO_3)$	複雜結構的鈉鋁矽酸鈣	四方晶系	6-6.5	1.550-1.584	0.004-0.037	2.68	無-強		
Sugilite	鈉鋰大隅石 / 蘇紀石	$KNa_2Li_3(Fe, Mn, Al)_2Si_{12}O_{30}$	鈉鋰矽酸鉀	六方晶系/壓成岩	5.5-6.5	1.54-1.610	0.001-0.002	2.75	無	舒俱徠石	
White- Colorless白											
Albite	鈉長石	$NaAlSi_3O_8$	斜長石/鈉鋁矽酸鹽	三斜晶系	6-6.5	1.523-1.533	0.01	2.61	無-弱	水沫子	
Calcite	方解石	$CaCO_3$	碳酸鈣	聚成岩/六方晶系	3	1.486-1.658	0.172	2.7		黃晶	
Diamond	鑽石	C	碳	立方晶系	10	2.417		3.52	無-強	金鋼鑽	塗層、填充處理、高溫高壓改色、輻照熱鍛處理
Ivory	象牙	Calcium phosphate with collagen and elastin	含膠質蛋白磷酸鈣/有機物質	聚成岩	2.5	1.54		1.85	弱-強		
Quartz	石英	SiO_2	二氧化矽	六方晶系	7	1.544-1.553	0.009	2.66	無-弱	水晶	熱處理,輻照
Zircon	鋯石	$ZrSiO_4$	矽酸鋯	四方晶系	6-7.5	高型 1.92-1.99、低型 1.78-1.90	0.059	3.9-4.8	無-中	風信子石	熱處理

	寶石名	化學成分	晶系歸屬	硬度	折射率	折射率差	比重	螢光反應	市場名稱	優化處理
Black Gray 黑										
Coral (Conchiolin)	黑珊瑚	$C_{32}H_{48}N_2O_{11}$	硬蛋白質	聚成岩	3	1.560-1.570	0.172	1.35	無		黑珊瑚漂白成金色、灌膠
Hematite	赤鐵礦	Fe_2O_3	氧化鐵	聚成岩六方晶系	5.5-6.5	2.940-3.220	0.28	5.2		黑膽石	
Omphacite	綠輝石	$(Ca, Na)(Mg, Fe_{2+}, Al)Si_2O_6$	輝石類	聚成岩單斜晶系	5-6	1.67-1.68		3.3	無-強	墨翠	
Obsidian	黑曜石	70-75% SiO_2 plus MgO, Fe_3O_4	火山玻璃	非晶質	5-5.5	1.49		2.4			
Onyx	條紋瑪瑙	SiO_2	二氧化矽	聚成岩六方晶系	6.5-7	1.535-1.539	0.000-0.004	2.6	無-中		熱處理
Shell	貝殼	$CaCo_3$	碳酸鈣/有機物質	聚成岩	3.5	1.530-1.685	0.155	2.86	無-中		染色
Smoky Quartz	煙水晶	Sio_2	二氧化矽	六方晶系	7	1.544-1.553	0.009	2.66	無-弱	茶晶	熱處理、輻照、熱鍍
Multicolored –Phenomenal 現象寶石及變色石										
Alexandrite	亞力山大石	$BeAl_2O_4$	鈹鋁氧化物	斜方晶系	8.5	1.746-1.755	0.008-0.010	3.73	無-弱		
Amethyst-Citrine	雙色水晶	SiO_2	二氧化矽	六方晶系	7	1.544-1.553	0.009	2.66	無-弱		熱處理、輻照
Cat's-Eye/Chrysoberyl	貓眼	$BeAl_2O_4$	二氧化矽	斜方晶系	8.5	1.746-1.755	0.008-0.010	3.73	無-弱		輻照
Diopside/Star	透輝石星石	$CaMg(SiO_3)_2$	矽酸鈣鎂	單斜晶系	5.5-6	1.675-1.701	0.024-0.030	3.29	無-中		
Fire agate	火瑪瑙	SiO_2	二氧化矽	六方晶系/聚成岩	6.5-7	1.535-1.539	0.000-0.004	2.6	無-中		
Labradorite	拉長石（鈣鈉斜長石）	$(Na, Ca)Al_2Si_2O_8$	長石/鈣鈉矽酸鋁	三斜晶系	6-6.5	1.559-1.568	0.009	2.7	無-弱		

寶石名		化學成分		晶系習性	硬度	折射率	折射率差	比重	螢光反應	市場名稱	優化處理
Moonstone/Orthoclase	月光石/正長石	$KAlSi_3O_8$	長石/矽酸鉀鋁	單斜晶系	6-6.5	1.518-1.526	0.005-0.008	2.58	無-弱		
Opal	蛋白石	$SiO_2 nH_2O$	水合矽石	非晶質	5-6.5	1.45		2.15	無-強		糖煙燻、灌膠、組合
Star Ruby	紅寶星石/剛玉	Al_2O_3	氧化鋁	六方晶系	9	1.762-1.770	0.008-0.010	4	無-強		熱處理
Star Sapphire	藍寶星石/剛玉	Al_2O_3	氧化鋁	六方晶系	9	1.762-1.770	0.008-0.010	4	無-強		熱處理、擴散處理
Liddicoatite	西瓜碧璽	$Ca(Li_3,Al)Al_6Si_6O_{18}(BO_3)_3(OH)_3F$	複雜結構的硼矽酸鋁	六方晶系	7-7.5	1.624-1.644	0.018-0.040	3.06	無-弱		
Elbaite	雙色碧璽	$Na(Li1.5,Al1.5)Al_6Si_6O_{18}(BO_3)_3(OH)_4$	複雜結構的硼矽酸鋁	六方晶系	7-7.5	1.624-1.644	0.018-0.040	3.06	無-弱		
Ammonites	菊石	aragonite, calcite, pyrite, silica and others	化石貝殼								
Pearl	珍珠	$CaCO_3$	有機物/碳酸鈣	聚成岩	2.5-4	1.530-1.685	0.155	2.7	無-中		染色、鍍膜、輻射
Tortoise Shell	玳瑁	有機物	有機物	非晶質	2.5	1.55		1.29	無-強		
Sunstone/Oligoclase	日光石/鈉灰長石	$(Ca, NA)(Al, Si)_2Si_2O_8$	長石/鈣鈉矽酸鋁	三斜晶系	6-6.5	1.539-1.547	0.007-0.010	2.65	無-弱	奧長石	熱處理
其他											
Glass	玻璃	$SiO_2(Na, Fe, Al, Mg, Co)$	二氧化矽	非晶質	5-6	1.470-1.700		2.3-4.5	無-強		
Plastic	塑膠	C, H, O	碳氫氧化合物	非晶質	1.5-3	1.460-1.700		1.3	無-強		

致謝 （依照字母筆劃排列）

感謝各單位給予協助及提供寶石圖片，讓本書的內容呈現更加完善與精美。

大器珠寶	02-2321-0232
王信達先生	
伯夐（Boucheron）珠寶	www.boucheron.com
吳崇剛教授（致和軒）	
吳照明教學中心	www.fga-dga-gem.com
珠寶伊甸園	www.jewelryeden.com
珠寶事務所 Jewelry Office	gemburg.blogspot.com
唯你珠寶	www.winnienet.com.tw
淳貿水晶	www.blancoage.com
頂康珠寶	www.topkang.com.tw
黑木國昭	www.glass-art.com
謝世華設計師	
寶格麗珠寶（Bulgari）	zh-tw.bulgari.com
寶昇珠寶	www.diamondgia.com.tw
GIA臺灣教學中心	www.giataiwan.com.tw
Jessica設計師	
Nico珠寶	
Prof. Henry A. Hanni	www.gemexpert.ch
share & give珠寶	www.shareandgive.com
SSEF瑞士珠寶研究院	hk.ssef.ch

圖書館出版品預行編目資料

石101問，我的第一本珠寶書──不是名
　　富豪，你一樣可以品嚐珠寶的貴氣與幸福
陸啓萍、杜雨潔著. ---一版--. --臺北市：書
　 2011.06
面；　公分
N 978-986-121-648-5（平裝）
寶石 2.珠寶 3.問題集
.8　　　　　　　　　　　　　99023954

3YC1

寶石101問，我的第一本珠寶書
不是名媛、富豪，你一樣可以品嚐珠寶的貴氣與幸福

作　　　者 ─ 陸啓萍(273.5)、杜雨潔

發 行 人 ─ 楊榮川

總 編 輯 ─ 王翠華

主　　編 ─ 黃惠娟

責任編輯 ─ 盧羿珊　李美貞

封面設計 ─ 黃聖文

出 版 者 ─ 書泉出版社

地　　　址：106台北市大安區和平東路二段339號4樓

電　　　話：(02)2705-5066　　傳　　真：(02)2706-6100

網　　　址：http://www.wunan.com.tw

電子郵件：shuchuan@shuchuan.com.tw

劃撥帳號：01303853

戶　　　名：書泉出版社

經 銷 商：朝日文化

進退貨地址：新北市中和區橋安街15巷1號7樓

TEL：(02)2249-7714　　FAX：(02)2249-8715

法律顧問　林勝安律師事務所　林勝安律師

出版日期　2011年6月一版一刷

　　　　　2013年8月一版五刷

定　　　價　新臺幣480元

所有・欲利用本書內容，必須徵求本公司同意※

書泉出版社

書泉出版社